ACCIDENTS DE MINES

ACCIDENTS PAR ÉBOULEMENTS

PAR

F. CAMBESSÉDÈS

Ingénieur civil des Mines

Professeur d'Exploitation à l'École des Maîtres-Mineurs de Douai

PARIS

E. BERNARD ET Cie, IMPRIMEURS-ÉDITEURS

LIBRAIRIE

53ter, *Quai des Grands-Augustins*, 53ter

IMPRIMERIE

71, *Rue de La Condamine*, 71

1896

PRÉFACE

Tous les accidents que nous décrivons se sont produits dans les mines. Nous aurions donc pu donner pour chacun d'eux le nom correspondant de la veine, de la fosse et de la concession.

Malheureusement, cette désignation présentait de sérieux inconvénients pour l'appréciation de nombreux accidents.

Nous avons donc donné à chaque veine un nom d'emprunt que nous avons choisi parmi les praticiens qui ont facilité notre tâche, nos amis, nos camarades ou les sommités de l'art des mines.

ERRATA

PAGES

2 et 3. — Les guillemets de la page 3 doivent être continués jusqu'à la page 5. (Les conclusions de la Commission anglaise). Ce passage est, en effet, extrait du rapport de la Commission royale anglaise traduit par la *Revue universelle des mines de Liège*. Tome XXII, premier numéro 1887.

3. — La note 1 doit être complétée comme suit : « Aux mines de Roche-la-Molière et Forminy, les piqueurs font eux-mêmes le boisage des chantiers. A la Cie de la Loire, ce système est en partie adopté ».

8. — Lire « feldspath » au lieu de « feldhspath ».

9. — Lire « peuvent » au lieu de « peuveut ».

10. — Les données qui concernent les couches Silkstone et l'Old Coal à Aberdare sont extraites du rapport de mission de MM. Aguillon et Pernolet en Angleterre. Dunod, éditeur, Paris.

22. — Lire « cassures plus importantes » au lieu de « cassures plus importante ».

Fig. 1, pl. IX. Une erreur de reproduction sur la figure a fait disparaître les cloches.

23. — Lire « système d'orientation » au lieu de « système d'orientale ».

24. — *Fig. 2, pl. XV*. Par erreur, la figure montre au contraire que les cassures traversent le banc du toit.

Lire les « compressions ont » au lieu de « les compressions on ».

31. — Lire « de cette veine » au lieu de « la veine Virginie ».

43. — Lire « avec le pic » au lieu de « avec le pied ».

57. — Lire « cette observation » au lieu de « cette observance ».

ACCIDENTS PAR ÉBOULEMENTS

Les accidents dus aux éboulements sont très nombreux dans les mines. Comme le fait justement remarquer M. Le Châtelier dans son rapport de l'Exposition universelle sur les lampes de sûreté : « si les accidents de grisou, par le nombre simultané de victimes qu'ils entraînent, sont » ceux qui frappent le plus l'imagination publique, il s'en faut de beaucoup que ce soient les plus » redoutables. »

Le nombre d'ouvriers tués par éboulements est toujours plus considérable que celui des ouvriers tués par les coups de grisou, et pour les ouvriers blessés l'écart est énorme, comme le montre le tableau ci-dessous :

ANGLETERRE

	MORTS	
ANNÉES	GRISOU	CHUTE DE PIERRES
1850-1860	20 0/0	37,6 0/0
1860-1870	20 0/0	39,1 0/0
1870	18,50 0/0	41 0/0
1871	25 0/0	40 0/0
1872	14 0/0	42 0/0
1873	9 0/0	45 0/0
1874	15 0/0	39 0/0
1875	23 0/0	35 0/0
1876	10 0/0	49 0/0
1877	28 0/0	35 0/0
1878	40 0/0	33 0/0
1879	19 0/0	47 0/0

En France, la statistique de l'industrie minérale donne depuis 1880 les nombres suivants rapportés à 100 tués ou 100 blessés :

	TUÉS		BLESSÉS	
ANNÉES	GRISOU	EBOULEMENT	GRISOU	EBOULEMENT
1880.	8	41	2	50
1881.	14	47	3	48
1882.	9	50	2	48
1883.	25	40	4	40
1884.	12	30	3	50
1885.	27	33	3	45
1886.	20	33	2	50
1887.	50	25	5	42

En Allemagne, cette situation a provoqué un arrêté ministériel en date du 25 décembre 1883. Cet arrêté attire l'attention sur les circonstances que « l'augmentation du nombre de victimes » indiquée par la statistique des dernières années, paraît être due, moins à des accidents rares et » produisant un grand nombre de victimes, qu'à ceux qui affectent une seule personne, mais qui se » reproduisent avec fréquence ».

C'est surtout le cas pour les éboulements de roches et les accidents dus au transport ; la circulaire dit qu'il est reconnu qu'il y a des districts donnant une proportion de victimes beaucoup trop considérable eu égard à leur production.

En France, nous ne possédons pas par districts et par compagnies le nombre d'accidents. Nous ne pouvons donc pas faire ressortir les différences, mais elles n'en existent pas moins. A côté de mines s'attachant à faire tout ce qui est possible pour éviter les accidents, d'autres n'envisagent surtout que le prix de revient.

En Angleterre, la Commission royale d'enquête donnait en 1886 dans son rapport le résumé suivant des accidents suivis de mort survenus dans les dix dernières années :

	MORTS			
ANNÉES	GRISOU	ÉBOULEMENT	DIVERS	TOTAL
1875-1884. . . .	2.562	4.582	4.021	11.165

Décès provenant d'explosion de grisou 22,9 0/0

— d'éboulements . . . . 41 »

— divers . . . . 36 »

Et elle ajoutait :

« Ce tableau montre clairement que les éboulements du toit et des parois constituent une des
» causes d'accidents les plus meurtrières. Il résulte de l'enquête que l'un des moyens les plus
» efficaces de protéger les mineurs contre les éboulements est l'emploi d'une bonne lampe, facile
» à manier, très éclairante, qui le mette à même pendant qu'il abat le charbon ou le minerai de
» découvrir les points défectueux et dangereux du toit ou des parois et de se mettre à l'abri. »

Les renseignements fournis par les inspecteurs des mines et par les directeurs de charbonnages indiquent de grandes différences d'opinion au point de vue du meilleur système de soutènement du toit et des parois.

Quelques-uns prônent le système suivi dans le Nord et particulièrement dans le Northumber-
land et Durham, où le boisage est fait par des surveillants spéciaux (députies) ; d'autres préfèrent
le boisage fait par les mineurs dans leurs chantiers, alléguant que ce système offre une plus
grande sécurité là où les couches sont puissantes et le toit mauvais, comme c'est généralement le
cas dans les charbonnages du Lancashire et du sud du pays de Galles (1).

L'ensemble de l'enquête démontre qu'il est impossible de poser une règle générale applicable
à tous les districts miniers et à tous les cas.

Les conditions dans lesquelles les différentes mines sont exploitées, la nature du combustible
et les caractères du toit et du mur, l'inclinaison du gisement sont tellement variables dans les
différents districts et dans les différentes couches d'un même district et même dans les différentes
parties d'une même couche, qu'il est tout à fait impossible d'établir une règle précise. Dans
quelques districts, les clivages du charbon s'étendent jusque dans le toit, qui est quelquefois
interstratifié de rognons irréguliers de minerai de fer.

Toutes ces causes tendent à détruire la continuité des strates et à rendre beaucoup plus
dangereux l'enlèvement du charbon en exigeant un plus grand soin de la part du mineur. Dans
certains districts où les couches de charbon sont quelquefois très rapprochées, il arrive souvent
qu'il faut se prémunir contre une grande pression provenant des parois du mur ou du toit. Quand
ces conditions se réalisent, il faut des soins spéciaux pour le boisage. Avec une telle variété de
conditions et de circonstances, il est difficile, même avec le secours de la statistique, d'établir une
comparaison digne de confiance entre les différents bassins houillers, d'autant plus qu'avant le
règlement sur les mines de 1872 on opérait avec beaucoup plus de soins dans un district que dans
un autre ; quoique nous ne puissions pas, pour les raisons indiquées, définir quel est le meilleur
système de boisage, l'expérience des dix dernières années, sous le régime du nouveau règlement, a
démontré qu'il est possible de réduire le nombre d'accidents et de décès dus aux éboulements en
observant les précautions suivantes :

A. Maintenir une ample provision de bois en un endroit convenable ;

B. Laisser à chaque mineur le soin de boiser et de protéger son chantier d'après sa propre
expérience ;

C. Exiger plus de précautions de la part de l'ouvrier dans la surveillance du toit, des parois,
du front de taille et l'obliger à se garer à temps ;

(1) Dans la Loire, avec des couches très puissantes, un point de vue différent a prévalu. Généralement les piqueurs n'effectuent
que l'abattage et les boiseurs que le boisage.

D. Introduire autant que possible un système d'arrangement qui intéresse l'ouvrier à ne pas économiser le boisage nécessaire pour sa sécurité personnelle ;

E. Employer des ouvriers spéciaux pour le boisage des galeries principales, ainsi que pour l'entretien et la reprise des boisages ;

F. Eviter de laisser dans les *goafs* du *longwall* des bois qui auraient pour effet de provoquer la rupture du toit ;

G. Pousser les travaux aussi vite que possible, en mettant un grand nombre d'ouvriers à chaque front de taille, afin de réduire les risques d'éboulements et d'exposer le moins grand nombre d'hommes à la fois au danger.

Quelques ingénieurs ont espéré obtenir de bons résultats dans l'emploi d'autres matières que le bois pour le soutènement. Des montants en fonte de différents modèles, surmontés d'un étai en bois, ont été introduits il y a plus de cinquante ans dans le Yorkshire et dans le Nord et y sont encore partiellement employés ; quelques-uns sont faits en deux pièces avec un anneau en fer sur le joint, de façon à pouvoir retirer le montant en enlevant cet anneau ; mais il ne semble pas que les avantages de ces systèmes soient suffisants pour que leur application soit appelée à prendre une grande extension.

Il y a quelque vingt ans, on préconisait la vis-botte, introduite dans les charbonnages d'Anzin, au point de vue de la sécurité et de l'économie. C'était une courte botte de bois dur cerclée de fer, portant dans son axe une forte vis en fer à filet carré.

Au moyen d'un écrou tourné à l'aide d'une grande clef, la vis s'élevait et pouvait être calée très solidement contre le toit. Quand le front de taille est assez avancé, il suffit de dévisser l'écrou pour obtenir un déplacement aisé de la botte et pour la transporter à un autre point. Au lieu des cadres en bois que l'on emploie généralement dans les galeries principales, on a beaucoup employé des cadres en fer dans plusieurs charbonnages du continent et du pays de Galles ; ce sont des cadres en fer laminés ayant une section ressemblant beaucoup aux rails ordinaires ; ces cadres, de forme elliptique, sont en une ou deux pièces, rarement en quatre pièces, pour les galeries à deux voies, avec joints assurés par des éclisses maintenues par des étais généralement en bois.

Ce genre de soutènement est capable de résister à des pressions que le boisage ordinaire ne pourrait supporter et sa grande durée donne des résultats avantageux au point de vue de l'économie ; il paraît cependant douteux que son emploi ait donné des avantages décisifs pour empêcher et prévenir les accidents. On a récemment proposé d'employer l'acier pour les soutènements là où le bois est sujet à périr rapidement. Un progrès sérieux a été réalisé par l'emploi de piles formées de pièces de bois recroisées ou de murs en pierres sèches dans les couches déhouillées.

Les haveuses mécaniques, qui ont été brevetées en si grand nombre pendant ces vingt-cinq dernières années, sont souvent ingénieuses et efficaces, mais ne peuvent être considérées comme un progrès pratique. Leurs perfectionnements ultérieurs pourront contribuer à la sécurité, en réduisant, pour une production donnée, le temps où l'ouvrier reste exposé aux risques d'éboulements.

Les rapports sur les mines métalliques confirment le fait que les éboulements du toit et des parois donnent beaucoup plus de victimes que les autres accidents. Dans quelques cas, la proportion de ces victimes est même très considérable. Par exemple, dans le district des mines d'hématite du Nord-Ouest de l'Angleterre, en 1885, sur 17 victimes, 15 accidents mortels étaient dus aux éboulements du toit et des parois.

Il est d'usage, dans les mines métalliques, que le boisage des galeries principales soit fait par des boiseurs spéciaux, tandis que les montants ou autres bois nécessaires à la sécurité des chantiers sont placés par les mineurs eux-mêmes. Les accidents proviennent souvent de retards dans les mesures de précaution ou du maintien de trop grands espaces non boisés par suite de circonstances inattendues, ou par suite du défaut d'attention ou de la négligence habituelle des ouvriers. Tous ces inconvénients peuvent être évités par l'influence des surveillants, qui doivent examiner la roche et donner des indications spéciales pour la pose des boisages.

Les conclusions de la Commission anglaise méritent d'être examinées, c'est ce que nous ferons maintes fois dans le cours de cette notice sur les accidents. Il importe notamment au plus haut point que les exploitants, maîtres mineurs et ingénieurs connaissent, aussi bien que possible, toutes les circonstances des travaux qui peuvent amener des accidents. Un grand nombre d'éboulements peuvent être évités par des précautions de travail ou des modifications d'exploitation et d'organisation.

Les modifications d'exploitation et d'organisation ne dépendent pas des mineurs. La plupart des précautions de travail au contraire sont de leur compétence directe. On ne peut pas placer derrière chaque ouvrier un surveillant.

Toutefois, on va aussi quelquefois trop loin en sens inverse. On confie des travaux à des recrues inexpérimentées, on laisse les vieux mineurs faire ce qu'ils veulent, on modifie les systèmes d'exploitation sans suivre assez de près les conséquences de leurs variations. Or, d'une part, les vieux ouvriers, habitués à vivre continuellement avec le danger, se familiarisent tellement avec lui qu'ils finissent par n'en plus tenir suffisamment compte ou même par n'y plus penser; d'autre part, les modifications d'exploitation peuvent entraîner des accidents parce que le personnel n'est pas habitué aux nouveaux travaux ou que ces travaux ne sont pas appropriés à toutes les particularités du gîte.

Il y a à la fois une question de discipline stricte, d'initiation du personnel et de mode de travail.

D'autre part, le surveillant, qui voit plusieurs chantiers, qui sait ce qui est survenu dans chacun d'eux, peut avertir l'ouvrier des risques particuliers qu'il court (direction des cassures éloignement des remblais, mauvaise disposition de la taille ou des supports, etc., etc.).

Les questions soulevées sont souvent complexes.

Leur examen comporte une connaissance approfondie du gisement et de toutes ses particularités ainsi que des méthodes et des modes de travail appropriés au gîte et au personnel.

Nous nous occuperons d'abord du gîte et de ses particularités.

NATURE DU GISEMENT

NATURE GÉNÉRALE. — NATURE LOCALE

La nature du gisement influe directement. Si les couches sont accidentées, disloquées par des failles, des venues de roches éruptives, etc., les cassures seront plus nombreuses, les terrains moins liés, moins adhérents, les éboulements plus redoutables.

Si les terrains encaissants ou le minerai sont tendres, friables, il y aura plus de précautions à prendre qu'avec des bancs compacts, massifs.

Plus la nature générale du gisement laissera à désirer, plus il sera important d'étudier de près la nature locale des parties en exploitation.

C'est cette nature locale qu'il importe surtout au mineur de bien connaître. Toutes les particularités du gisement : nature des bancs, ordre de superposition, cassures, ont leur influence ; aucune ne doit être négligée.

C'est dans chaque cas une étude attentive à faire. Nous allons prendre pour type, le cas le plus fréquent, celui des houillères.

NATURE LOCALE DU GISEMENT

L'étude de la nature locale du gisement au point de vue des éboulements comporte :

1° L'étude de la nature des bancs et de leur ordre de superposition ;

2° L'étude de leurs cassures ;

3° L'étude des particularités qu'ils présentent : venues d'eau, de gaz, etc.

NATURE DES BANCS

La houille est intercalée dans le terrain houiller, dans des bancs de schistes, de grès et de carbonate de fer, plus rarement d'argile et de calcaire.

Les pouddingues et les brèches forment les étages stériles. Dans le grand bassin houiller franco-belge-allemand, les schistes et les grès présentent généralement les caractères suivants :

SCHISTES ET GRÈS DU BASSIN FRANCO-BELGE

BASSIN MARIN

SCHISTES

Les schistes ou rocs du mineur forment les deux tiers de la masse des terrains stériles du bassin franco-belge. Ils sont gris noirâtres, facilement rayables par l'acier, assez compacts.

La portée que les bancs de schistes ordinaires peuvent atteindre sans se rompre est assez grande, plusieurs travées (4 à 10 mètres), pour que leur soutènement au front de taille s'effectue assez facilement, avec des bois distants de $0^m 80$ à 1 mètre.

Les bancs de schistes ordinaires se cassent assez régulièrement en arrière des fronts, dans les déboisages ou les foudroyages. Ne comportant pas de grandes étendues vides, ils n'occasionnent pas généralement des éboulements en grande masse dans les tailles. Dans les galeries, ils comportent le soutènement courant : cadres en bois dans les galeries secondaires qui doivent peu longtemps durer, cadres en chêne, en fer, meurtials ou maçonnerie dans les voies principales qui doivent longtemps durer.

Les bancs de schistes ordinaires sont assez flexibles, et dans les couches remblayées complètement ils s'infléchissent généralement sans s'effondrer en masse.

Toutes les transitions existent d'une part entre les schistes et la houille, d'autre part entre les schistes et les grès.

Les schistes qui se rapprochent des grès ou schistes gréseux deviennent de plus en plus durs, résistants, compacts, rigides. Ils acquièrent par toutes les gradations les qualités des grès.

Les schistes qui se rapprochent des houilles deviennent feuilletés, noirâtres. Ils passent par toutes les variations, de l'état ordinaire à l'état de schistes charbonneux, tendres, feuilletés, friables, ébouleux.

On comprend, par suite, que la portée qu'ils peuvent atteindre sans se rompre diminue constamment et que la nature du soutènement qu'ils comportent devienne de plus en plus énergique.

A l'état feuilleté et friable, ils ne comportent aucun degré de vide. Il faut les maintenir sur toute leur étendue par un garnissage du toit à mailles serrées.

Les schistes feuilletés et friables se rencontrent surtout dans le voisinage des veines. Les mineurs les nomment escaillage, havrits, faux toit, faux mur. L'escaillage est du schiste très charbonneux constituant de la houille très impure, qui est généralement donnée aux mineurs pour leur chauffage. Les havrits ou haveries sont des lits de schistes placés au toit ou au mur des couches ou intercalés dans les couches. Ces schistes sont souvent bitumineux, noirs, luisants, très frittés, très friables.

Lorsqu'ils ont une grande épaisseur et qu'ils sont placés au toit ou au mur, on les nomme faux toit ou faux mur.

Ils comportent alors des soutènements énergiques, avec garnissage à mailles serrées, non seulement parce qu'ils ne peuvent atteindre aucune portée sans se rompre, mais aussi parce qu'ils n'ont aucune adhérence avec les bancs supérieurs.

Le poids du mètre cube en place des schistes ordinaires varie de 1,800 à 2,200 kilos, leur foisonnement de 60 à 70 0/0.

GRÈS

Les grès forment le tiers environ des roches stériles du terrain houiller. Leurs grains, généralement très fins, sont souvent grisâtres ; leur dureté est variable, toutefois les moins durs raient le verre et font toujours feu sous le choc des outils.

On rencontre cependant quelques variétés de grès dont la cohésion des grains est si faible qu'on peut les égrener avec l'ongle. Tel est le cas de quelques bancs de grès psammitiques de la fosse n° 5 de l'Escarpelle.

Les grains de ces grès sont toujours composés comme ceux des autres grès houillers du bassin, de grains de quartz, de feldhspath et de mica.

Ils sont d'ailleurs très rares.

Les grès à ciment quartzeux, ou dans lesquels les grains de quartz sont nombreux, sont bien moins rares.

Ces grès durs, compactes, très rigides, peuvent atteindre des portées considérables sans se rompre.

A Courrières, le toit de la veine Sainte-Barbe se tient ainsi sans support sur de très grandes étendues. La chute du toit doit quelquefois être provoquée avec de la dynamite.

Ces vastes excavations des toits rigides sont fâcheuses, parce que quand le toit cède l'éboulement se propage avec rapidité sur de très grandes étendues, en envahissant les chantiers d'abattage, en écrasant les galeries voisines. Les mineurs, qui sont avertis du phénomène par les craquements intenses qui se produisent, disent qu'il va survenir un orage et ils se réfugient dans les galeries en ferme.

Dans la veine N° 10 de l'Escarpelle, exploitée par foudroyage, le toit se maintenait en arrière du front de taille sur une longueur de 60 à 80 mètres. Quand cette distance était atteinte, il s'effondrait en masse jusqu'au front de taille.

En Angleterre, MM. Aguillon et Pernolet, dans leur intéressant rapport de mission, citent des cas analogues.

A Thorncliffe, un éboulement avait produit une fracture de 60 mètres de longueur le long d'une grande taille chassante, etc

Dans les grès ordinaires, les étendues que les toits peuvent atteindre sans se rompre sont moindres et les éboulements en grande masse sont aussi moins importants.

La portée peut dépasser 20, 30 et 40 mètres. Or, comme nous le verrons dans la suite, ces grandes portées sans supports suffisants (remblais ou éboulements) sont fâcheuses. Elles augmentent la pression au front de taille et les risques d'éboulements en masse ; elles écrasent les galeries et parfois font aussi soulever leur sol. Le toit se cassant à distance raisonnable du chantier est préférable.

Cette nature de toit peut se rencontrer avec des grès, lorsque les cassures qui le sillonnent, provoquent assez régulièrement l'effondrement des parties exploitées en arrière des fronts d'abattage.

Ce sont, en somme, les toits qui se cassent à une distance largement suffisante des fronts, sans comporter de trop grands vides en suspens, sans exiger des soutènements énergiques, qui sont jugés les meilleurs par les praticiens anglais et qui sont en réalité les meilleurs.

Le mètre cube de grès en place pèse de 2,400 à 2,700 kilogrammes.

Le foisonnement des grès est supérieur à celui des schistes ; il oscille de 65 à 85 0/0, suivant l'état fragmentaire de la masse abattue.

RÉGULARITÉ DU TOIT ET DU MUR

Le toit, dans ces divers bassins, est généralement plus réglé que le mur. Il se brise par plaques, tandis que le mur se brise par morceaux. Nous avons déjà parlé du faciès du toit et du mur à propos de leur distinction [1]. D'autre part, le mur des veines semble avoir une composition comme nature de roche plus constante que le toit. Il n'est pas rare de rencontrer des toits de veine passant fréquemment des schistes aux grès. (Edouard de Liévin, Alma de l'Escarpelle, etc.)

ADHÉRENCE DES BANCS

L'adhérence des bancs joue aussi un rôle important. Quand il n'y a pas d'adhérence, les bancs les plus compacts sont les plus lourds et ceux qui s'effondrent le plus facilement en masse. Dans la veine Mathieu de Fresnes-Midi, formée par deux sillons séparés par un banc de 1ᵐ50 de schistes compacts de même nature que les schistes du toit, lorsqu'on a voulu exploiter le sillon inférieur seulement, en laissant intact le sillon du dessus ainsi que le banc de schiste, on a dû plusieurs fois remplacer le boisage du front de taille. Le banc de schistes compacts, intercalés entre les deux sillons, étant sans adhérence avec le sillon supérieur, écrasait tous les bois. Cette

---

[1] Premier fascicule du *Cours théorique et pratique d'exploitation des mines*.

circonstance a conduit à exploiter les deux sillons à la fois; et dans ce cas, quoique le toit fût de même nature, on n'a plus observé de poussées notables. Le boisage est resté facile à maintenir en bon état. L'absence de cohésion entre les bancs occasionne souvent des chutes en masse du toit, ou des soulèvements sur de grandes étendues du mur.

La plupart des couches affectées par ce genre d'accidents ont au-dessus ou au-dessous d'elles, des lits de schiste friables, des sillons de houille inexploités, des bancs très nettement séparés de grès craquelés, aquifères ou grisouteux, etc.

Ainsi, la couche Silkstone, une des couches anglaises les plus sujettes aux soulèvements du mur, a un mur extrêmement raide de six mètres d'épaisseur, au-dessous duquel se trouvent des couches tendres, mêlées de charbon et très grisouteuses. A Marles, dans la veine Louisa, inclinée de 5 à 6°, d'une épaisseur de 1^m20 dont 0^m08 de terre, le mur de schiste s'est soulevé brusquement sur 30 à 50 mètres de relevée et 50 mètres de largeur. L'exploitation était effectuée par tailles montantes incomplètement remblayées. Le mur, de 1^m50 d'épaisseur, était séparé des bancs avoisinants par une passée de 0^m40. Il en est de même dans la veine Alfred de Lens. Cette veine, de 1^m60 d'épaisseur, d'une inclinaison de 10°, est exploitée par foudroyage et tailles chassantes. Son toit est formé de schistes ordinaires; son mur est formé par 0^m60 de schistes durs et par une passée de 0^m30. Le mur se soulève souvent sur de grandes étendues.

L'Old Coal, à Aberdare, qui est sujet à de fréquentes chutes en masse du toit, est une couche de 2^m10 d'ouverture, en deux bancs de charbon séparés par 0^m45 de terres, ce qui permet le remblayage.

Au-dessus de la couche, sur 3^m50 de hauteur, se trouve une succession de petits bancs de charbon et de schistes charbonneux qui forment une sorte de faux-toit épais, jusqu'au vrai toit formé par un banc de grès puissant et résistant.

La huitième veine du faisceau de Bruay est sujette aussi à des chûtes en masse du toit.

Cette veine, en plateure, a 1^m40 d'épaisseur, tout charbon. Elle est exploitée par tailles montantes incomplètement remblayées.

Son toit est constitué par un banc puissant de schistes très compacts.

L'orsqu'une étendue importante de couche est dépouillée, le toit s'affaisse parfois en masse sur une largeur de plusieurs tailles, souvent aussi sur toute la relevée des treuils, qui sont complètement disloqués et nécessitent par suite un rauchage complet.

CASSURES OU JOINTS

Ce sont les joints ou cassures des bancs, parfois nettement visibles, d'autres fois difficiles à distinguer, qui occasionnent le plus grand nombre d'éboulements, le plus grand nombre d'accidents.

L'influence de ces joints ou cassures n'est pas limitée aux accidents ; elle exerce aussi une action très considérable sur les frais de soutènement, d'entretien et de creusement des galeries, sur les frais de soutènement des chantiers et d'abattage du minerai.

PRINCIPALES VARIÉTÉS DE CASSURES OU JOINTS

Les principales variétés de cassures ou joints sont, par ordre d'importance : les failles, les soiements, les noirs limets, les piédroits, les clivages ou limets, les coupes, les glichous.

Les failles, les soiements, les noirs limets sont de véritables fissures à lèvres ouvertes, séparant nettement en deux parties la roche.

Les piédroits, les clivages, les coupes, les glichous sont des joints dans lesquels les lèvres de la cassure sont fermées, contigues, sans solution de continuité. Les failles ont depuis longtemps attiré l'attention des mineurs.

Nous avons réuni dans le premier fascicule du *Cours d'exploitation des mines* des données étendues sur la question. Les fissures diverses, désignées sous le nom de clivages ou de joints, quoique de grandeur souvent bien moindre que les failles, ont été aussi observées par de nombreux géologues : MM. Sedgwick, de la Bêche, Daubrée, A. Von Groddeck, etc., etc. D'après leurs travaux, ces fissures ou joints peuvent se diviser en deux catégories principales : les fentes fissures ou joints de contraction, les fentes fissures ou joints de dislocation.

Fentes de contraction.

Les fentes de contraction peuvent être des fentes de refroidissement ou de dessiccation. Le refroidissement d'une roche en fusion ou la dessiccation d'une masse fluide déposée sous l'eau font subir à la masse refroidie ou desséchée un retrait qui peut produire des ruptures aux points où la cohésion est la plus faible. C'est ce qui a eu lieu avec les basaltes, avec les granits, avec le gypse. Ces fentes sont caractérisées par leur développement restreint à un seul massif de roches, celui qui a été refroidi ou desséché.

Les fentes de refroidissement sont limitées aux roches éruptives ou exceptionnellement aux roches sédimentaires fortement chauffées par le voisinage des roches éruptives.

Les fentes de dessiccation se sont au contraire produites dans les roches sédimentaires. Tel est le cas des fissures du gypse de Montmartre, de certaines masses de sel gemme, etc. D'ailleurs, comme pour la houille, la dessiccation et la compression des bancs supérieurs ont dû souvent ajouter leur action.

FISSURES DE DISLOCATION

Ces fissures ont été produites par les mouvements de l'écorce terrestre.

Ces mouvements ont pu tenir surtout à deux causes :

1° Contraction du noyau fluide ;

2° Changement de volume des roches par suite de phénomènes métamorphiques ou de dissolution.

Les fentes de dislocation sont nombreuses ; elles passent d'une couche à une autre et sont parfois constantes sur une grande étendue.

Cette constance de certaines fissures ou joints a été constatée maintes et maintes fois.

Phillips, qui a fait un grand nombre d'observations dans le Yorkshire, a remarqué que deux directions prédominent beaucoup et que ces deux directions sont perpendiculaires entre elles. M. Horkness a observé qu'au passage des joints les fossiles sont déformés et distordus.

M. Daubrée a observé dans les Vosges que les joints coupaient nettement les cailloux de quartz qu'ils rencontraient, etc.

« En résumé, dit-il, le trait caractéristique qui se manifeste dans d'innombrables fissures de » l'écorce terrestre, c'est un parallélisme, lequel se reproduit dans les petites fractures comme dans » les grandes, dans les failles comme dans les joints. »

Pour appuyer cette conclusion, M. Daubrée a fait diverses expériences.

Torsion.

Dans la première expérience, il a tordu une plaque de glace et a obtenu les fissures de la *fig. 1 pl. I,* qui reproduisent bien ce qu'on observe dans la nature.

Pression.

La *fig. 2 pl. I* représente les résultats obtenus avec un prisme de cire comprimée. Toutes les fissures se groupent nettement en deux systèmes parallèles aux fentes principales et perpendiculaires entre elles.

Ploiements.

Les *fig. 3, 4 et 5 pl. I* montrent les conséquences des ploiements. On voit que les pressions latérales tendent à produire des failles inverses, comme on l'observe d'ailleurs le long de la limite Sud du bassin franco-belge.

CONCORDANCE AVEC LES OBSERVATIONS FAITES SUR LES FAILLES ET LES JOINTS

Ces expériences sont conformes aux observations faites dans la nature. M. Daubrée en cite de nombreux exemples : failles de la Côte-d'Or, de Saxe, d'Angleterre, etc. ; joints du Tréport, de Cork, des grès des Vosges, etc., d'Allevard *(fig. 6 pl. I,* Daubrée).

Dans les bassins houillers, ajoute-t-il, on connaît des faits du même genre : ainsi à Gagnières (Gard), chaque faille principale a un cortège de fentes qui lui sont parallèles et qui, sans donner lieu à des rejets, ont en quelque sorte haché le terrain. Du gypse, de la pyrite, de la calcite se sont infiltrés dans ces fentes secondaires. Dans une partie du pays de Galles, les clivages de la houille (Slips) sont orientés parallèlement aux failles [1].

A Carslbad, les joints qui coupent à angle droit le granit à gros grains sont parallèles à deux systèmes de cassures qui traversent le pays ; il en est de même dans le comté de Cornouailles. Ces vues étant contestées par quelques ingénieurs, les indications suivantes montreront, d'après de nombreuses observations, l'état de la question dans le bassin du Nord de la France.

[1] Lecorne. *Annales des mines,* 7ᵉ série, tome XIV.

CASSURES DU TERRAIN HOUILLER DU NORD

A part les failles, on trouve dans le terrain houiller du Nord les cassures suivantes :

1° Entre les couches, les plans de stratification ;

2° Dans les couches de houille, les clivages ou limets et les noirs limets ;

3° Dans les épontes, schistes ou grès, les soiements, les piédroits, les coupes, les glichous.

Plans de stratification.

Les plans de stratification (désoifs du mineur du Nord) forment des surfaces de cassure facile. Ils sont inclinés comme les couches qu'ils séparent.

Dans les plateures, ils nuisent peu au soutènement.

Plus l'inclinaison grandit, plus la tendance au glissement des bancs suivant ces cassures grandit aussi, plus l'influence des plans de stratification sur le soutènement et les éboulements tend à devenir considérable, toutes choses égales, d'ailleurs.

Clivages ou limets.

Ce sont des plans de cassures à lèvres fermées, qui facilitent beaucoup l'abattage et donnent une plus grande proportion de gros. Ils divisent la houille comme les clivages divisent les cristaux. Leur surface est généralement plane et miroitante ; aussi, dès qu'on pénètre dans une taille, on peut généralement apprécier, par ce miroitement, si l'abattage est facile. Les ouvriers doivent, en effet, disposer leur front d'abattage parallèlement aux principaux clivages, de manière à en profiter complètement. Quand les plans de clivage sont nombreux, le front de taille est alors tapissé de plans polis plus ou moins brillants.

Les plans de clivage principaux se prolongent souvent dans les roches du toit et du mur dont ils facilitent l'abattage. La distance des clivages, leur position et leur netteté sont extrêmement variables. Près des failles, le sens des clivages est modifié, etc.

Noirs limets.

Les noirs limets sont de véritables cassures à lèvres ouvertes qui se prolongent toujours dans les épontes. Ils se distinguent nettement des clivages par leur importance exceptionnelle. Tandis que le clivage sépare deux parties juxtaposées tout à fait contigues, le noir limet sépare des blocs sans contact entre eux. Chaque lèvre de la cassure est remplie d'un charbon menu ayant l'aspect de la suie. On voit qu'il y a eu frottement des deux parties séparées. La direction des noirs limets est indépendante de celle des plans de clivage; tandis que l'inclinaison des clivages est quelconque, celle des noirs limets se rapproche presque toujours de la verticale. Il ne paraît pas d'ailleurs y avoir de relation entre les clivages et les noirs limets. Ainsi l'absence des clivages n'entraîne pas l'absence des noirs limets ; on rencontre fréquemment de nombreux noirs limets dans des veines ne possédant pas de clivages.

Piédroits.

Les piédroits sont des joints à lèvres fermées qui se prolongent souvent à de grandes distances. Ils sont complètement indépendants des plans de stratification et traversent aussi bien les roches homogènes que les terrains à petits bancs. Tandis que l'inclinaison des plans de stratification varie essentiellement avec l'inclinaison du gîte, l'inclinaison des piédroits en est tout à fait indépendante. Ce sont de véritables clivages des épontes généralement rapprochés de la verticale comme toutes les fissures importantes qui sillonnent les roches du terrain houiller, noirs limets, soiements, etc.

Soiements.

Les soiements sont les prolongements des noirs limets dans les épontes. Ce sont des cassures bien nettes, à lèvres ouvertes. Leur direction, comme celle des noirs limets, est fort variable, tout à fait indépendante de la position des plans de stratification et fréquemment des clivages.

Les soiements sont plus fréquents à l'approche des failles et des crains. On rencontre souvent dans leurs lèvres des traces de pholérite, etc. Ils donnent quelquefois de l'eau. Leur inclinaison se rapproche ordinairement de la verticale. Il n'est pas rare de voir dans les soiements importants la roche altérée par frottement entre les lèvres de la fissure. Les soiements sont assez fréquemment accompagnés de très petits rejets.

Coupes ou Glichous

Ce sont des petits piédroits à lèvres fermées qui sillonnent les épontes dans tous les sens sur de faibles étendues. Tandis qu'on rencontre fréquemment les piédroits et les soiements isolés, les glichous, qui sont des cassures secondaires, sont généralement plus nombreux. Il n'est pas rare d'en rencontrer au même endroit plusieurs à la fois ; parfois réticulés, parfois rayonnants dans le même sens.

Leur inclinaison est très variable ; tandis que les autres joints ou cassures se rapprochent généralement de la verticale, les glichous présentent assez souvent toutes les inclinaisons, même les plus faibles.

Taches de pholérite.

Les taches de pholérite sont un guide précieux pour annoncer l'approche des accidents.

La pholérite tapisse les contournements de couche, les soiements, les parties avoisinant les crains et les failles et en général toutes les parties disloquées du gîte. On la rencontre quelquefois tapissant de traces blanches une partie du toit. Cette partie de roche est alors souvent rapprochée de cassures et affectée elle-même par des joints ou des fissures. Le mineur doit donc se hâter de la heurter avec son pic pour juger d'après le son rendu sa solidité. Toutefois, il n'est pas très rare de voir des parties de toit pareilles se maintenir parfaitement, même sans soutènement.

Cloches.

On nomme cloches des blocs d'épontes isolés par un filet de schiste généralement charbonneux et lisse. Ce lit schisteux diminue considérablement ou supprime tout à fait l'adhérence du bloc avec la masse environnante. Ces blocs ont fréquemment une forme demi-cylindrique, demi-sphérique ou conique. Ils sont répartis très irrégulièrement, dans les bons comme dans les mauvais toits.

ORIENTATION DES CASSURES

On rencontre des cassures orientées de toutes les manières. Cependant, lorsqu'on effectue un grand nombre d'observations, on constate diverses manières d'être générales ou plus générales

Quelques lois surgissent. L'écheveau ne paraît plus inextricable. C'est ce que divers exemples vont montrer.

Influence de la région observée.

La région où l'observation des cassures est effectuée a une grande importance.

Si elle a lieu au bord d'un vieux massif intact, de nombreuses cassures seront dues à la rupture au droit du massif.

Certainement, les cassures se produisent plus facilement suivant les joints préexistants, mais il s'en crée aussi d'autres nombreuses.

Il en sera de même dans les tailles dont l'avancement aura été trop retardé. Dans l'un comme dans l'autre cas, on ne sera pas placé dans le cas normal que nous avons envisagé dans les exemples suivants : fronts de taille ou galeries avançant normalement.

Dans l'un comme dans l'autre cas, ce ne sont pas les cassures préexistantes seules qu'on verra plus ou moins agrandies et ouvertes. C'est pour éviter les confusions entraînées par les cassures accidentelles que nous avons pris, autant que possible, nos exemples dans des galeries en ferme et dans des tailles avançant normalement. Nous nous occuperons d'ailleurs dans la suite, des cassures au droit du massif, des dangers et des précautions qu'elles comportent.

RÉGIONS NE CONTENANT QU'UN SEUL GENRE DE CASSURES

Ces cassures peuvent affecter une ou plusieurs directions, une ou plusieurs inclinaisons.

CASSURES D'UN SEUL GENRE AFFECTANT LA MÊME DIRECTION ET LA MÊME INCLINAISON

Il est assez rare de trouver des régions où il n'y ait qu'un seul genre de cassures affectant la même direction et la même inclinaison.

Comme exemple, nous citerons certaines régions de la veine Saint-Michel de Meurchin *(fig. 1 pl. II.)*. Cette veine, en plateure, de 1ᵐ 20 d'épaisseur, tout charbon dur, a son toit constitué par des schistes durs et son mur par des schistes ordinaires.

Le toit et le mur sont souvent fissurés; ces fissures, qui ont fréquemment leurs lèvres ouvertes, sont généralement tapissées par de la pholérite, parfois par des pyrites ou des schistes charbonneux noirs et luisants.

Leur direction est parallèle à la direction générale de la couche.

Lorsque l'allure de la couche varie, que sa direction locale change, les fissures suivent toujours la direction générale.

Elles traversent aussi bien le toit que le mur et sont *grosso modo* parallèles aux clivages principaux.

Quelques-unes d'entre elles sont très développées, plus de 200 mètres; d'autres n'ont que quelques mètres.

La veine Marguerite de Marles contient des régions où les cassures (piédroits) ont aussi la même direction et la même inclinaison *(fig. 2 pl. II et fig. 1 pl. III)*. Les mêmes observations peuvent être faites dans diverses tailles de la veine Saint-Louis de Meurchin *(fig. 2 pl. III)*, de 1ᵐ 20 d'épaisseur, à toit de rocs ordinaires.

CASSURES AFFECTANT LA MÊME DIRECTION ET DIVERSES INCLINAISONS

Ce cas est plus fréquent que le précédent. Comme exemple, nous citerons les cassures observées dans diverses régions des veines Théodore de Lens et grande veine de Marles, etc.

La veine Théodore de Lens *(fig. 1 pl. IV)* a 0ᵐ80. Elle est exploitée par tailles montantes. Son principal système de cassures est parallèle au clivage principal. Le toit est assez bon, le mur est friable.

La grande veine de Marles a 2 mètres d'épaisseur, bon toit et bon mur. Dans une taille en ferme, deux piédroits, *A* et *B* *(fig. 2 et 3 pl. IV)*, ont provoqué l'éboulement de la galerie sur une longueur de 8 mètres, une largeur de 2 mètres et une hauteur de 4 mètres. Les mains de taille n'ont pas bougé. (On nomme mains de taille à Marles les parties de taille situées à la droite ou à la gauche du plan incliné.)

Les cassures étaient inclinées différemment; leur direction était presque parallèle à celle de la galerie sur la longueur éboulée.

CASSURES VARIANT D'INCLINAISON

Les cassures peuvent, comme les failles, varier d'inclinaison. Tel est le cas de deux soiements importants observés dans la veine Saint-Eloi de Ferfay.

Cette veine, de 0^m60 d'épaisseur, sans plans de clivage, est grisouteuse. Son toit, gréseux, est très rigide.

Les remblais sont régulièrement disposés à 2 ou 3 mètres des fronts, et on pose en outre des étançons avec une rallonge tous les mètres.

Dans ces conditions, on pourrait croire qu'aucun accident, aucun mouvement du toit n'est à craindre.

C'est en effet ce qui a lieu en temps ordinaire ; mais lorsqu'on traverse la région affectée par le passage des deux soiements, il n'en est plus de même. Ces soiements $M\,N\,O$ (*fig. 1 pl. V*) occasionnent des éboulements considérables.

Dans l'étage supérieur, ces éboulements ayant entraîné des frais importants de rétablissement de galerie et obligé à abandonner un chantier, les porions prévenaient les ouvriers de l'étage inférieur au moment où leurs tailles atteignaient le prolongement de ces cassures. Ils faisaient en outre rapprocher les rallonges (0^m75 au lieu de 1 mètre) et les faisaient soutenir par de très gros bois.

L'un des soiements observés variait d'inclinaison. Chacun d'eux avait 0^m03 à 0^m04 d'épaisseur. Dans leur voisinage, le charbon devenait tendre. A leur point de croisement, il se détacha, malgré le boisage plus rapproché, un bloc en forme de prisme triangulaire.

CASSURES DE DIVERS GENRES AFFECTANT LA MÊME DIRECTION ET LA MÊME INCLINAISON

C'est un cas plus général que le précédent.

Il est rare de ne trouver qu'un système de cassures dans une région. Comme exemple, nous citerons, la veine Eugène de Liévin, la veine Désirée de Dourges, la veine Saint-Louis de Meurchin.

La veine Désirée de Dourges a un bon toit de rocs et une épaisseur de 1^m30.

Le plan de ces cassures (*fig. 2 pl. V*) montre :

1° Que la direction générale des cassures principales, soiements et piédroits, est sensiblement parallèle aux plans de clivage ;

2° Que la deuxième direction principale des cassures est grossièrement perpendiculaire à la première direction ;

3° Que tandis que les cassures nettes, soiements et piédroits, sont généralement grossièrement rectilignes, les cassures secondaires, glichous, ne le sont pas.

La veine Saint-Louis de Meurchin présente aussi des cassures affectant plusieurs directions et plusieurs inclinaisons (*fig. 1 pl. VI*).

La veine Eugène de Liévin (*fig. 2 pl. VI*) est assez dure, son toit est gréseux, son mur est schisteux. Le toit, quoique gréseux, pèse fortement sur les galeries et les tailles par suite des nombreuses cassures qui le sillonnent. Ces cassures ont généralement la même orientation. Il arrive cependant quelquefois que d'autres cassures, notamment des piédroits, viennent s'entre-croiser à peu près à angle droit.

C'est alors surtout que les galeries sont rapidement endommagées.

Tel est le cas précisément représenté sur la *fig. 2 pl. VI.*

On observe les mêmes faits dans de nombreuses veines : du Souich, Edouard, etc.

CASSURES DE DIVERS GENRES AFFECTANT DES DIRECTIONS ET DES INCLINAISONS DIFFÉRENTES

C'est le cas de beaucoup le plus général. Comme exemples, nous citerons la veine Albraque de Marles, la veine Noël de Ferfay, la Grande-Veine de Carvin. La veine Albraque de Marles a une puissance de 1^m50 à 2^m50.

Son toit est constitué par des schistes ordinaires, son mur par des schistes gréseux.

Les cassures du toit correspondent généralement aux cassures du mur.

Les étreintes viennent à la fois du mur et du toit.

Les nombreuses cassures qui sillonnent le toit le rendent très lourd.

De très gros bois sont écrasés deux jours après leur mise en place, aussi l'entretien des galeries est très coûteux.

Il faut souvent rétablir leur section en entaillant le toit (ce qu'on nomme dans le Nord : raucher). La *fig. 1 pl. VII* représente un spécimen de ces cassures. On voit qu'elles sont sensiblement parallèles ou réticulées.

La veine Noël de Ferfay *fig. 2 pl. VII* a son toit constitué par des rocs durs. Elle présente des cassures analogues. Les soiements sont aquifères.

Les cassures de la Grande-Veine de Carvin sont représentées par la *fig. 1 pl. VIII*. Le toit de la taille est constitué par des grès durs, sillonnés par des joints grossièrement parallèles ou réticulés.

A 15 mètres environ, une faille est dirigée comme les principales cassures.

INFLUENCE DES FAILLES ET DES VARIATIONS D'ALLURE

Nous avons vu que les cassures de la veine Saint-Michel de Meurchin n'étaient pas affectées par les variations de l'allure de la couche.

Lorsque ces variations sont brusques, il n'en est pas de même.

Tel est le cas des failles et des contournements très accentués. Les strates n'ont pu résister, des cassures nouvelles, parfois très nombreuses, se sont produites.

Nous avons cité le cas de la Grande-Veine de Carvin, dont les tailles à quelques mètres d'une faille présentaient des cassures nombreuses, tandis qu'elles n'en possédaient que rarement à distance.

Nous allons mentionner divers autres exemples.

FAILLES

L'influence des failles est souvent manifeste.

Tel est le cas de la veine Présidente et Jeanne de Ferfay, de la veine Mathieu de Fresne-Midi, de la veine Adélaïde de Douchy, du Souich de Liévin, Louisa de Marles, etc.

La veine Présidente de Ferfay a un toit généralement très lourd, dont nous avons indiqué le mode de soutènement dans le troisième fascicule du *Cours d'exploitation des mines*.

De nombreuses fissures, représentées *fig. 2 pl. VIII*, y sont observées à l'approche d'une grande faille.

Il faut alors doubler le boisage et placer en outre de gros bois. Chaque fois que cette précaution n'a pas été prise, la taille s'est éboulée. C'est précisément ce qui est survenu dans le cas représenté. Le porion, ayant recommandé aux ouvriers de doubler le boisage et ceux-ci ne l'ayant pas fait, la taille devint pleine de *A* en *B*.

La veine Mathieu de Fresnes-Midi a une épaisseur de 0ᵐ80. Son toit est formé par des schistes ordinaires.

A la rencontre des deux failles *AB*, *CD*, de nombreuses cassures ont été observées dans la taille représentée *fig. 1 pl. IX* ainsi que dans les tailles voisines.

Le charbon était devenu très tendre, très menu, la faille *AB* relevait la veine de 0ᵐ80, la faille *CD* la baissait de 0ᵐ70.

Les clivages et les piédroits étaient parallèles aux soiements, mais dans cette partie du gisement les clivages étaient plutôt des noirs limets.

La veine Adélaïde de Douchy, en plat, a un toit formé par des rocs ordinaires *fig. 2 pl. IX*. On n'y observait pas de cassures, lorsqu'on rencontra un piédroit et un soiement.

Le soutènement fut immédiatement consolidé, et à 15 mètres de distance on rencontra une faille. Les remblais étant assez éloignés, le front de taille s'éboula le long de la faille, et la secousse produite fit ébouler la partie du treuil comprise entre les deux cassures. La veine Louisa de Marles, en plateure, a un toit et un mur ordinaires. A l'approche d'une faille *MN*, on y a observé les cassures ci-contre, qui ont occasionné l'éboulement du bloc *AB* (*fig. 1 pl. X*).

La veine Jeanne de Ferfay, d'une inclinaison de 20 à 25°, a un mur ordinaire de schistes et un toit très dur de grès.

Près d'une faille importante *OP*, le toit, généralement bon, est cisaillé par de nombreuses cassures.

Les cassures principales sont parallèles entre elles, les cassures secondaires se bifurquent et sont tapissées comme les principales de pholérite (*fig. 2, pl. X*).

Une disposition analogue a été observée dans la veine du Souich de Liévin (*fig. 3 pl. X*).

Le toit de du Souich, formé par des schistes gréseux, est bon. Les cassures occasionnées par l'approche d'une faille déterminèrent l'affaissement de 15 tailles. On fut obligé de creuser un autre plan incliné et des voies de roulage à travers toutes les cassures, tapissées en grand nombre par de la pholérite.

Dans une autre région de la veine du Souich, en plateure, les cassures observées dans une partie failleuse sont représentées *fig. 1 et 2 pl. XI*.

Enfin à Lens, dans la même veine, on a constaté les cassures de la *fig. 1 pl. XII*.

Dans la veine Edouard de Liévin, dont nous avons décrit le mode d'abattage (deuxième fascicule), on a observé les cassures de la *fig. 3 pl. XI* à l'approche d'une faille. Le soiement *B* avait entraîné un léger rejet. Les deux soiements *B* et *C* étaient parallèles à la faille. et non parallèles aux principaux plans de clivage. On remarquait en outre des piédroits *A, B, C, D, E, F, G, H* perpendiculaires à la faille ainsi qu'aux soiements.

En général, plus on approche des failles, plus les cassures augmentent.

Tel est le cas de la veine François (*fig. 2 pl. XII*), qui a bon toit de schistes gréseux.

A 100 mètres de la faille, les queues étaient inutiles; au fur et à mesure de l'avancement, il a fallu commencer, puis augmenter le garnissage du toit, en renforçant progressivement le soutènement.

Près de la faille, des esclimbes et de très gros bois étaient nécessaires.

La *fig. 3 pl. XII* donne un exemple analogue observé dans un travers banc de la fosse Dutemple d'Anzin.

Les cassures qui avoisinent les failles ne sont pas toujours parallèles; on rencontre d'assez nombreux exemples de cassures réticulées.

Les cassures de la couche (*fig. 1 pl. XIII*) en montrent un exemple remarquable.

Le toit de cette veine est bon (schiste gréseux) et le mur assez dur (schistes).

La faille est assez importante. Son inclinaison varie de 45 à 50°. La taille représentée est la taille de reconnaissance d'une voie de fond en ferme.

INFLUENCE DES CONTOURNEMENTS

Les replis brusques ont provoqué des cassures de toute espèce.

Toutes les transitions existent, depuis le brouillage, dans lequel le toit et le mur ont pénétré dans la couche et réciproquement, jusqu'aux étreintes, aux variations insensibles d'allure, aux toits simplement fissurés.

Parmi les exemples de cassures, produites par les contournements, nous citerons les cassures de la veine Jumelle, celles de la veine Sans-Nom et de la veine Magenta.

La veine Jumelle de Douchy, dont le mode d'affaissement a été décrit pages 8, 9 et 10 du troisième fascicule du *Cours d'exploitation*, a une épaisseur très variable, 1m50 à 4 mètres; son toit et son mur sont formés généralement par des schistes ordinaires; son allure varie des dressants aux plateures.

Dans un des replis ayant produit une queuvée, les fissures représentées *fig. 2 pl. XIII* ont été observées.

La taille était sillonnée de piédroits et de soiements ayant tous à peu près même allure et même inclinaison et dirigés *grosso modo* comme le dressant.

De nombreuses cassures secondaires étaient entrecroisées. Un soutènement énergique fut nécessaire. .

Dans la veine Magenta, les cassures observées dans le repli qui sépare les plateures des dressants et dans le voisinage sont représentées *fig. 1 pl. XIV*. Les cassures principales étaient nombreuses et grossièrement parallèles au dressant, comme dans la figure précédente.

JOINTS SECONDAIRES, JOINTS CROISÉS

Nous avons vu que les cassures les plus importantes affectent généralement une orientation principale et que quelquefois on observe deux orientations réticulées des joints importants. Dans chaque système d'orientation, les cassures sont grossièrement rectilignes et parallèles entre elles.

Les joints secondaires ne sont ni aussi définis, ni aussi rectilignes, ni aussi parallèles, ni aussi étendus en direction et en inclinaison.

Souvent ils sont franchement curvilignes (*fig. 2 pl. V, fig. 1 pl. VI, fig. 2 pl. VIII et fig. 1 pl. IX*), et même lorsqu'ils sont le plus rectilignes ils font encore plus d'inflexion que les cassures importantes. Cependant, on rencontre des glichous assez parallèles et assez rectilignes entre eux (*fig. 2 et 3 pl. XIV*) : veine Saint-Joseph (Ferfay).

Ils ne présentent alors d'autre différence avec les joints que par leur inclinaison. L'inclinaison des glichous étant en général faible tandis que celle des cassures plus importante, varie autour de la verticale.

Quelques-uns de ces joints, qui se ferment complètement (*fig. 1 pl. IX*), ne sont d'ailleurs dus qu'à l'écorce houillifiée de troncs d'arbres (cloches).

Très souvent, à part les joints principaux croisés, on rencontre des joints secondaires croisés qui n'influent pas les joints principaux dans leur course.

Ces joints secondaires, comme les joints secondaires en général, courent à intervalles plus étroits et ils sont souvent aussi moins inclinés que les joints principaux. Leur étendue est en outre moindre. Ils se bifurquent et se ramifient assez souvent à angles assez aigus. Quelquefois ils rayonnent en éventail, mais ils sont alors généralement très courts, très peu nets, peu importants.

Analogies des joints et des diverses cassures, secondaires aux failles et aux grandes fractures d'origine mécanique.

Il paraît résulter de l'étude de l'orientation des cassures du bassin houiller du Nord :

1° Que les cassures ont presque toujours une orientation principale et fréquemment deux systèmes d'orientale principale.

Chacune des cassures de ces systèmes sont *grosso modo* parallèles entre elles et chaque système de cassures est approximativement perpendiculaire à l'autre ;

2° Plus les cassures sont nettes et importantes, plus elles sont en général rectilignes et parallèles entre elles ;

3ᵉ Comme pour la direction, il existe pour l'inclinaison des orientations principales grossièrement parallèles ou réticulées ;

4° Les failles entraînent dans leur voisinage l'apparition de cassures secondaires, qui suivent les lois générales précédentes ;

5° Quelquefois le sens de l'inclinaison des joints varie ;

6° L'inclinaison des joints est complètement indépendante de celle des plans de stratification, et cette inclinaison est généralement élevée.

En somme, les cassures secondaires du bassin houiller du Nord présentent sur une plus petite échelle comme orientation, suivant la direction et suivant l'inclinaison, les caractéristiques des failles. Elles sont d'ailleurs en relation intime avec ces fractures.

Cette analogie ne se borne pas à l'orientation ; elle se poursuit dans la manière dont les joints traversent les bancs, dans l'influence de la nature des bancs, dans la réciprocité des cassures, dans la constance des joints sur de grandes étendues, dans leurs relations avec les cassures principales et secondaires, qui ont formé ou contribué à former le relief du sol.

Passage des joints à travers les bancs. — Influence de la nature des bancs. Continuité des cassures.

Les failles fracturent un grand nombre de bancs.

Il en est de même en petit des cassures.

Les principales cassures, les soiements et les noirs limets surtout recoupent les divers bancs.

On observe assez souvent que plus le soiement est important, moins la cassure est déviée en passant d'un banc à l'autre.

Plus les épontes sont tendres, plus les cassures sont nombreuses, plus facilement les cassures de la couche s'y reproduisent.

Les prolongements des principaux clivages de la houille sont mieux marqués dans les murs tendres que dans les murs durs et dans les murs que dans les toits.

Les clivages, qui sillonnent une couche de houille tendre, affectent moins souvent les épontes dures que les clivages de houille dure les épontes tendres.

Toutes choses égales d'ailleurs, plus les bancs sont durs, moins ils contiennent de cassures. Aussi les clivages, qui sont fréquents dans les couches de houille, sont rares dans les bancs de grès, dans les couches de minerai de fer, etc.

L'épaisseur des couches paraît aussi avoir une influence. On observe que dans les couches épaisses, les joints sont assez souvent plus nombreux et plus ouverts.

Quelquefois un joint saute plusieurs bancs, le mineur n'est pas averti du danger qu'il court. Ce cas, rare avec les soiements (cassures à lèvres ouvertes), l'est moins avec les piédroits.

Il a occasionné l'éboulement d'une taille de la septième veine de Bruay, de 1ᵐ 40 d'épaisseur, à bon toit de schistes compacts et durs de 0ᵐ 50 d'épaisseur.

Les *fig. page 1 et 2 pl. XV* montrent la position des piédroits et des clivages.

A l'arrivée des ouvriers le matin, la taille avait la configuration de la figure. Pendant leur journée, les ouvriers dépouillèrent le charbon placé au-dessous du piédroit *A*, sans avancer les remblais restés à 3 ou 4 mètres en arrière.

Un éboulement (*fig. 2*) se produisit pendant la nuit : on n'avait pas consolidé les abords du toit parce que la cassure observée en *MN* ne reparaissait pas dans la taille ou elle ne traversait pas le banc des rocs durs du toit.

Le piédroit *A* n'avait pas été observé parce qu'il ne traversait pas non plus le toit.

L'éboulement montra (*fig. 2 pl. XV*) que les deux cassures qui affectaient les bancs supérieurs et le mur plus tendre ne traversaient pas le banc de schistes gréseux.

Cette absence de continuité des cassures est très remarquable dans la veine François (*fig. 3 pl. XV* et *fig. 2 pl. XII*). Les cassures principales M se prolongent dans le banc de grès et s'étendent en direction, tandis que les cassures secondaires N sont de peu d'étendue en direction et ne pénètrent pas toujours dans le banc de grès. Il en est de même dans la veine Louisa de Marles, Bernicourt d'Aniche, etc. Cette discontinuité montre combien l'attention des mineurs doit être en éveil.

Le prolongement des cassures devrait être toujours boisé plus soigneusement, puisqu'il y a probabilité que les cassures se prolongent dans les bancs avoisinants ou reparaissent à une certaine distance.

Les bancs durs, rigides, étant ceux sur lesquels le mineur compte le plus pour se dispenser de boiser, on voit qu'il n'y a pas cependant lieu de leur accorder une confiance absolue et qu'il importe, lorsque des cassures sont reconnues par des galeries, d'en tenir compte, quoiqu'elles ne sillonnent pas le ciel de la taille.

RÉCIPROCITÉ DES CASSURES

Tous les clivages de la houille ne sont pas en relation avec les cassures du toit. Quelques-uns se sont produits parallèlement aux plans de stratification ; d'autres, surtout dans les couches tendres, courent suivant plusieurs directions.

On comprend que les couches fortement comprimées et friables aient donné lieu à de nombreuses cassures que les bancs encaissants compacts ne reproduisent pas.

Mais lorsque le charbon est très dur, que les compressions on été limitées, il n'en est pas de même. La réciprocité des cassures devient quelquefois très nette dans certaines couches dures de Bruay, de l'Escarpelle, d'Aniche ; des séries de clivages distants de $0^m 20$ à $0^m 40$ entrecoupés par d'autres séries aussi distantes se prolongent nettement dans les épontes.

Les couches de houille ne renferment pas d'autres clivages et les blocs isolés et abattus n'ont aucune tendance à se subdiviser parallèlement aux plans de clivage.

La similitude des blocs isolés dans le gîte et dans les bancs encaissant ce gîte lui-même paraît complète.

CONSTANCE DES JOINTS SUR DE GRANDES ÉTENDUES

Les joints observés sont souvent continus sur de grandes étendues. En général, plus ces joints sont importants, plus leur étendue est considérable.

On rencontre des soiements reconnus sur plusieurs centaines de mètres.

Les joints secondaires se poursuivent moins loin, mais leur orientation principale reste toutefois la même sur de très grands espaces. A Aniche, l'orientation principale de clivages des couches reste la même sur plusieurs kilomètres de développement. Dans tous les cas, si les joints secondaires meurent vite, ils reparaissent facilement.

La force qui les a produits n'a pas été suffisante pour leur faire traverser de grandes étendues ; mais comme cette force est générale et se reproduit sur des régions très vastes, les mêmes causes reproduisent à quelque distance de la fin d'un joint secondaire la même cassure très souvent avec la même orientation ou une orientation comparable.

Tel est le cas notamment du bassin du Nord, où les principaux mouvements qui ont affecté les strates sont dus à la grande poussée eifélienne, où on rencontre des systèmes d'accidents importants parallèles sur de grandes étendues.

RELATION DES JOINTS AVEC LES FRACTURES ET LES FENDILLEMENTS DU RELIEF DU SOL

Dans le bassin du Nord, on observe deux orientations principales des joints, l'une parallèle à la direction des couches favorable à l'application des tailles montantes, l'autre perpendiculaire à cette direction, dirigée comme la ligne de plus grande pente et par suite favorable à l'application des tailles chassantes.

Ces deux directions sont aussi celles de la majorité des failles.

M. Daubrée, dans sa *Géologie expérimentale*, a montré que les joints de la croûte terrestre ont pu donner naissance aux reliefs du sol.

L'analogie des fendillements intérieurs reproduits dans les figures précédentes est souvent remarquable [1].

(1) Voir dans *Géologie expérimentale* les fendillements qui ont produit le relief d'une partie de la Somme et du Pas-de-Calais.

ACCIDENTS D'ÉBOULEMENTS

DANS LES MINES

Nous diviserons les accidents d'éboulements qui se produisent dans les mines en deux catégories : 1° *Les accidents qui se produisent dans les tailles ou chantiers d'abattage ;* 2° *Les accidents qui se produisent dans les galeries.*

Parmi les accidents qui se produisent dans les tailles, nous distinguerons :

1° *Les accidents dus à la chute de la masse à abattre ;* 2° *Les accidents dus à la chute des épontes.*

ACCIDENTS DUS A LA CHUTE DE LA MASSE A ABATTRE

Les ouvriers sont souvent blessés ou tués par la chute des matières qu'ils veulent abattre. Ces accidents peuvent survenir avec ou sans sous-cavage dans les dressants ou les plateures.

Nous nous occuperons d'abord des accidents survenus pendant le sous-cavage.

ACCIDENTS SURVENUS PENDANT LE SOUS-CAVAGE

La position des fissures et du sous-cavage joue un rôle très important. Le sous-cavage peut avoir lieu au toit, dans la veine ou au mur.

ACCIDENTS AVEC SOUS-CAVAGE AU TOIT

CONSIDÉRATIONS GÉNÉRALES

Dans ce cas, le mineur est moins exposé qu'avec le sous-cavage au mur parce qu'il ne se trouve pas placé au-dessous de la masse à abattre. S'il travaille dans une veine plate, il n'a qu'à se protéger contre la chute du toit pendant qu'il effectue sa sous-cave, le charbon placé au-dessous ne pouvant généralement pas l'atteindre.

Quand la veine est inclinée, au contraire, il faut que le bloc de charbon placé au-dessous du piqueur soit maintenu énergiquement.

La sous-cave du toit, détachant en effet le bloc sur une de ses faces, celui-ci n'adhère plus que par sa partie inférieure au mur et par sa partie postérieure et latérale au charbon.

Ces différentes adhérences peuvent être insuffisantes.

La veine peut être décollée au mur et un clivage ou un noir limet peut l'isoler en arrière. Il importera donc, quand on effectuera la sous-cave au toit dans une veine inclinée, de se protéger à la fois contre la chute du toit dans la sous-cave et la chute du charbon dans la taille.

Pendant que le mineur effectue sa sous-cave, s'il aperçoit un soiement ou un clivage important, il doit immédiatement redoubler de prudence, doubler le boisage du havage et enfin disposer le long du front de taille une ligne de solides étançons.

Le sous-cavage au toit permet de voir les joints de derrière (ou du diable), *(fig. 5 pl. XXV)* qui seraient aperçus trop tard en sous-cavant au mur. En revanche, il ne permet pas de voir aussi bien les joints de devant *(fig. 6 pl. XXV)*. Mais ces joints avec le sous-cavage au toit sont bien moins dangereux que les joints du diable ou de derrière, avec le sous-cavage au mur, surtout en plateure.

En dressant, les joints de devant avec le sous-cavage en haut peuvent faire glisser le bloc dans la taille comme les joints du diable, mais nous avons vu qu'il y avait toujours lieu alors d'arc-bouter la masse à abattre, de manière à éviter cet accident.

Le toit étant généralement plus solide que la masse à abattre, l'ouvrier est moins exposé à être blessé par la chute des terrains qui surplombent. Les cloches seules peuvent l'atteindre pendant son travail et assez souvent ces cloches se reconnaissent en baumant.

Lorsque la veine contient plusieurs sillons de havrits friables, le sous-cavage au toit s'impose pour éviter leur chute avec le charbon, chute toujours à craindre avec le sous-cavage au pied.

Ainsi, dans la veine Dupire, composée de deux sillons de charbon séparés par 0^m 30 de schiste, un ouvrier qui avait voulu haver, malgré la défense du surveillant, dans le sillon inférieur, fut atteint par un éboulement du sillon de schiste. Nous allons citer divers exemples.

EXEMPLES

Veine Peslin.

L'accident s'est produit dans la voie de fond de la veine Peslin. Cette veine se compose de deux sillons : au toit, un banc d'escaillage de 0^m 50 dans lequel on fait le havage ; au mur, un sillon de charbon de 1^m 50 d'épaisseur. Le toit est formé de schistes noirs brillants, se détachant facilement en plaques irrégulières.

La voie de fond est tracée avec une taille de 8 mètres de largeur, dont 2 mètres pour la galerie. Pour faciliter l'abattage du charbon, les ouvriers prennent en montant des tranches de 3 mètres de largeur. La voie est donc poussée en ferme, et, par suite, doit se trouver en avance sur la taille d'une longueur égale à la largeur de la tranche *(fig. 1 et 2 pl. XXVI)*.

Les mineurs Henri Goniau et Charles Lévêque travaillaient dans la taille ; leur camarade Adolphe Auverdun était occupé dans la voie de fond en D ; Goniau et Lévêque avaient havé au toit sur toute la largeur de la taille sur 0^m70 de profondeur. Pour se garantir, ils avaient placé au-dessus de la rallongue rx, trois grosses queues q, q' q'' de 0^m05 de diamètre. Le premier était courbé en C sur le sillon de charbon et approfondissait l'ouverture déjà faite dans le sillon du toit ; le second était dans la même position en B. Tout à coup, une plaque A de schiste ayant 1 mètre de longueur, 0^m70 de largeur et 0^m15 d'épaisseur moyenne se détacha du toit, tordit l'extrémité des queues et vint s'abattre sur les épaules de Lévêque, qui eut la clavicule fracturée.

Les ouvriers connaissaient la présence du bloc A, c'est pourquoi ils avaient placé, pour le soutenir, les trois queues q, q' q''. Ces queues étaient en bois de bonne qualité.

Cet accident doit donc être attribué à une cause fortuite.

Toutefois, avec des allonges en fer remplaçant les queues, comme à Courrières, l'accident aurait été évité. L'usage de ce dispositif est donc à recommander.

Il a évité d'assez nombreux accidents dans cette Compagnie et son emploi est facile et peu coûteux.

Veine Mortier.

Le mineur Grenier était occupé à haver dans le sillon du toit de la veine Mortier. Au fur et à mesure qu'il havait, il abattait le faux-toit, formé de terres argileuses et ébouleuses *(fig. 3 pl. XXVI)*.

Au moment de l'accident, le havage avait 1^m50 de profondeur, et une partie M de faux-toit mesurant 1^m50 de longueur sur 0^m30 de largeur et 0^m20 d'épaisseur, située du côté de la voie, n'était pas abattue. Grenier avait plusieurs fois essayé de l'abattre, mais ne pouvant y parvenir, il avait continué à haver jusqu'à ce qu'il découvrit la cassure $b\,b'$. Immédiatement, sans qu'il eût le temps de se retirer, le bloc M s'effondra en lui brisant l'épaule.

La chute du faux-toit qui a blessé l'ouvrier a été déterminée d'une manière subite par la rencontre imprévue de la cassure $b\,b'$. D'autre part, l'ouvrier a manqué de prudence en ne soutenant pas le faux-toit avec des pilots.

ACCIDENTS SURVENUS EN SOUS-CAVANT DANS LA VEINE

CONSIDÉRATIONS GÉNÉRALES

Ces accidents sont dus à la chute du charbon du sillon supérieur. La sous-cave centrale est plus dangereuse que la sous-cave au toit, le charbon étant plus friable que le toit et les sillons de houille ou de minerai étant souvent peu adhérents au toit.

EXEMPLES

Des accidents de ce genre sont survenus dans les veines Eva, Marguerite, Vincens, Mortier, Robiaud, etc.

L'ouvrier qui sous-cavait dans le lit de terre central avait consolidé soigneusement son havage et baumé le sillon au-dessus. Cependant, un bloc de charbon isolé par deux noirs limets culbuta un des bois et le blessa aux reins.

L'ouvrier n'était en défaut ni pour le nombre de pilots, ni pour l'exploration par le son du pic; mais il aurait dû placer le pilot A de l'autre côté du noir limet $M N$, dont le pendage était net *(fig. 4 pl. XXVI)*.

D'autre part, par suite de la grosseur du bloc détaché par les noirs limets, le choc du pic avait produit un son clair.

Un accident, occasionné aussi par un noir limet, est survenu dans la veine Dubar.

Cette veine, inclinée de 15°, est composée de deux sillons séparés par $0^m 40$ de terre.

Le sillon supérieur a $0^m 60$ d'épaisseur, le sillon inférieur $0^m 50$.

Le poste de l'après-midi avait fait une sous-cave de $1^m 50$ sans piloter. Les ouvriers du poste du matin continuèrent à sous-caver sans piloter également. Tout à coup, un bloc de $1^m 75$ de longueur se détacha, tua un ouvrier et blessa grièvement l'autre.

On constata après la chute du bloc le passage d'un noir limet $M N$ *(fig. 5 pl. XXVI)*.

Cet accident est dû à une imprudence notoire. On ne doit pas sous-caver sans piloter, puis recommencer à travailler. Après un certain temps d'arrêt de l'abattage, le toit ayant pesé, la chute de la masse à abattre est encore plus redoutable.

ACCIDENTS SURVENUS AVEC LE SOUS-CAVAGE AU MUR

CONSIDÉRATIONS GÉNÉRALES

Toutes choses égales d'ailleurs, pour l'abattage le mineur préfère sous-caver au pied parce que la pesanteur lui vient alors en aide. Malheureusement, la pesanteur tend aussi à faire tomber sur lui le bloc sous-cavé. Si on a affaire à un joint de devant dont le pied se rencontre en avant dans la taille, le piqueur pourra être averti du danger qu'il court, tandis qu'avec un joint de derrière ou du diable, il peut ne s'apercevoir du danger qu'en observant ce qui se passe dans la galerie ou dans les tailles plus avancées.

Or, le mineur se préoccupe trop peu des cassures des tailles voisines et les surveillants ne les lui signalent pas assez souvent. Il serait cependant très utile que la direction des fissures principales soit observée et indiquée. Ces fissures principales se prolongent, en effet, très généralement en ligne droite, et même lorsqu'elles paraissent s'évanouir, ce n'est souvent qu'accidentellement pour reparaître plus loin dans la même direction. D'autre part, dans les parties du toit où une fissure importante paraît finir, il existe souvent, dans les bancs supérieurs, des prolongements de la fissure, qui se termine en pieds droits imperceptibles dans les bancs inférieurs; de telle sorte qu'on doit généralement admettre que le prolongement de la fissure principale constitue quand même une ligne de moindre résistance.

Lorsqu'on ne constatera pas de cassures visibles, mais qu'on apercevra des taches de pholérite, il faudra aussi redoubler de précautions. Ainsi, dans la veine Jules, des taches de pholérite et des suintements qui n'avaient pas motivé un boisage supplémentaire ont déterminé un éboulement qui a tué deux mineurs.

Lorsque la veine se bifurque, il y a lieu aussi de consolider fortement le boisage, etc.

Nous allons citer divers exemples.

EXEMPLES

Veine Pennequin.

Un ouvrier était occupé à haver dans un lit de terre, lorsqu'un bloc de charbon mesurant 1 mètre de longueur, $0^m 90$ de largeur et $0^m 80$ d'épaisseur se détacha et l'écrasa *(fig. 6 pl. XXVI)*.

Un noir limet M avait déterminé la chute du bloc sous-cavé, qui n'était arc-bouté que par un seul bois B.

Si l'ouvrier avait piloté convenablement sa veine au lieu d'encastrer le bois B dans un toit peu résistant, l'accident ne serait probablement pas survenu.

L'inexpérience est notoire, à moins que les pilots aient manqué.

Dans ce cas, l'ouvrier, obligé de couper de très gros bois ou de descendre les chercher très loin, a pu se décider à adopter le soutènement vicieux, cause de l'accident.

Veine de Boisset.

Cette veine, très dure, de 1 mètre d'épaisseur, est sous-cavée dans le lit de havrils du mur *(fig. 1 pl. XXVII)*.

Les ouvriers avaient effectué une sous-cave de 6 mètres de largeur et 1 mètre de profondeur en pilotant, comme l'indique la figure.

Au moment où ils dépilotèrent pour faire tomber le charbon, une cassure non observée $C\,C'$ provoqua la chute du bloc qui renversa le cadre $M\,N$.

Un éboulement en résulta, un des ouvriers fut tué

Cet accident doit être attribué à une cause fortuite. Le poussard P aurait pu l'éviter, mais les surveillants de tout ordre laissent continuellement effectuer l'abattage sans prescrire la pose de ce poussard.

Veine Maquart.

L'ouvrier mineur Gustave Fréville était occupé à l'abattage de cette veine. Il devait commencer l'abattage par le sillon supérieur et attaquer ensuite le banc de schistes et le sillon du mur. Ne voulant pas obéir aux prescriptions du surveillant, il commença la sous-cave dans le sillon du mur. A peine avait-il excavé une longueur de 0m 30 que le banc de schiste tomba et le blessa.

Cet accident montre combien, avec certains bancs, il faut peu de sous-cave pour déterminer un éboulement.

Veine Lorieux.

Cette veine se composait d'un sillon massif de 1ᵐ 50 à 2 mètres de puissance.

L'abattage s'effectuait en deux fois.

La sous-cave était d'abord pratiquée dans la partie inférieure sur la moitié environ de l'épaisseur de la veine.

Le sillon qui restait adhérent au toit étant très dur, les ouvriers d'une taille essayèrent de prolonger leur sous-cave un peu plus qu'à l'ordinaire, tout en le pilotant.

Lorsqu'ils eurent havé suffisamment (1 mètre de profondeur sur 2ᵐ 50), ils dépilotèrent, et comme le charbon ne tombait pas, un des ouvriers voulut le détacher avec le pic. Il avait à peine arraché quelques fragments lorsque le bloc se détacha brusquement et le blessa grièvement.

Cet ouvrier n'aurait pas dû, après avoir dépiloté, se mettre à la portée du bloc qu'il voulait abattre. Il aurait dû le frapper avec une rallongue ou une longue batrouille.

Veine Carnot.

Cet accident est survenu dans la veine Carnot, qui a 1ᵐ 40 de puissance et une inclinaison de 18° *(fig. 2 pl. XXVII).*

Après avoir placé une rallongue à 0m 25 du front de taille, la victime hava la veine sur 0m 40 de profondeur et 3 mètres de largeur en la pilotant avec trois bois. Il poursuivait le havage, qui avait atteint 0m 70, lorsque le bloc sous-cavé se détacha brusquement, suivant une cassure, située à 0m 70 de profondeur, culbuta les pilots et les bois de soutènement et écrasa l'ouvrier.

Si le bloc eût été arc-bouté par les bois pointillés *M N* contre le cadre voisin, il n'aurait pas culbuté les pilots. L'accident aurait été évité. Il en aurait été très probablement de même avec deux lignes de pilots *A* et *B*. Généralement, le craquement prévient à temps pour que le mineur puisse se retirer. Dans le cas qui nous occupe, la présence de la cassure aurait dû attirer davantage l'attention du mineur.

Veine Gosselet.

Dans une taille de la veine Gosselet, inclinée de 58°, composée de deux sillons, l'un de 0m 40, l'autre de 0m 60, un mineur avait abattu la partie *P (fig. 2 pl. XVII)*, de manière à préparer la chute du sillon *B*, qu'il n'avait pas piloté. Tout à coup, ce bloc se détacha en le blessant grièvement.

L'imprudence est manifeste.

Veine Chapuy.

Dans une taille de la veine Chapuy, composée de deux sillons et d'une inclinaison de 45°, on sous-cavait aussi profondément que possible dans le sillon inférieur, en soutenant, au moyen d'un pilot *B*, le sillon du toit *(fig. 3 pl. XVII)*. Ce sillon étant très dur était abattu ensuite à coups de mine. Un des ouvriers ayant enlevé ce pilot pendant que son camarade allait chercher la poudre voulut donner quelques nouveaux coups de pic pour approfondir la sous-cave, lorsque le bloc qui surplombait se détacha subitement et le blessa.

L'ouvrier aurait dû essayer de faire tomber le banc qui surplombait sans augmenter la profondeur de la sous-cave. Son imprudence est flagrante.

Veine Garnier.

Dans une taille montante de la veine Garnier, un ouvrier, après avoir placé une rallongue à 25 centimètres de front de la taille, s'occupait à haver la veine sur 3 mètres de longueur et $0^m 40$ de largeur. Le bloc de charbon maintenu par un pilot *C (fig. 1 pl. XVIII)* se trouvait isolé par une cassure parallèle au front de taille, située à $0^m 70$ de profondeur environ. Lorsque la sous-cave rencontra le pied de cette cassure, le bloc se détacha et ensevelit l'ouvrier.

La pose d'un deuxième pilot *A B* était nécessaire avec une inclinaison aussi prononcée (73°) ou d'un arc-boutant *A*.

Veine Chanselle.

Cette veine a une épaisseur de $0^m 80$ et une inclinaison de 40°.

Les ouvriers sous-cavaient sur 1 mètre de profondeur, $0^m 35$ de hauteur et 3 mètres de largeur. On pratiquait aussi une coupure sur toute l'ouverture de la veine pour isoler complètement le parallélipipède de charbon.

Un ouvrier était occupé à faire la sous-cave pendant que son camarade commençait la coupure. Un seul pilot étant placé et la sous-cave ayant atteint $0^m 90$, l'ouvrier qui sous-cavait se disposait à placer un deuxième pilot quand le bloc, découpé par un noir limet, se détacha et blessa grièvement les deux ouvriers.

Quoique la veine fût très dure, avec $0^m 90$ de sous-cave, le haveur aurait dû poser plus tôt son deuxième pilot.

CONCLUSIONS GÉNÉRALES

En somme, les accidents de sous-cavage qui comptent parmi les plus fréquents peuvent être très fortement diminués avec plus de discipline des ouvriers et de vigilance des surveillants. Malheureusement, les surveillants laissent trop souvent faire au mineur ce qu'il veut, sans assez craindre de l'accuser ensuite de négligence en cas d'accidents de travaux ordinaires qu'ils ont vus et tolérés couramment.

ACCIDENTS DUS A LA CHUTE DE LA MASSE A ABATTRE

dans les dressants.

Nous diviserons ces accidents en deux catégories :

> 1° *Ceux qui sont dus à l'imprudence ou à l'inexpérience des ouvriers ou des surveillants ;*
> 2° *Ceux qui sont dus à une cause fortuite ou à une cause douteuse.*

Nous allons d'abord nous occuper des premiers.

ACCIDENTS DUS A L'IMPRUDENCE OU A L'INEXPÉRIENCE DU PERSONNEL

CONSIDÉRATIONS GÉNÉRALES

De nombreux accidents sont dus à l'imprudence où à l'inexpérience du personnel.

Le boisage des dressants doit, en effet, être strictement exécuté. Lorsque le toit et le mur sont mauvais, notamment, il faut effectuer un coffrage complet en plaçant les rallonges bout à bout au toit et au mur et en les entretoisant de manière que toutes leurs parties soient bien solidaires.

Lorsque ces précautions ne sont pas prises, le moindre mouvement des épontes peut occasionner le déversement du boisage.

Il ne suffit pas d'effectuer un coffrage, il faut l'arc-bouter solidement sur le boisage de la galerie inférieure ; c'est une précaution essentielle dont l'oubli a occasionné de nombreux accidents.

Le coffrage n'est pas toujours facile à exécuter, surtout dans les reploiements avec renflement de la veine ; il faut, par conséquent, que les surveillants examinent de très près ce soutènement.

Un très grand nombre d'éboulements sont dus aussi au défaut de pilotage. Plus les veines sont inclinées, plus le pilotage est important.

Dans les veines plates, le bloc ne tend à tomber que suivant la verticale. Dans les veines inclinées, sa chute est à la fois fonction de la pesanteur de la masse à abattre, de l'adhérence des bancs, des poussées et des mouvements du toit. Comme il est difficile, sinon impossible, de savoir quel sera le facteur prépondérant, l'ouvrier doit se garantir toujours contre les principales directions de chute possibles en arc-boutant au minimum, dans les deux sens principaux, la masse qu'il veut abattre.

Ces précautions auraient permis d'éviter les accidents survenus dans les veines Amincie et Jumelle, où l'ouvrier n'avait placé qu'un pilot ; dans les veines Jacqueline et Elisabeth, où il n'y en avait aucun, etc.

On ne doit jamais poser de pilot dans un faux-mur friable sans poser de semelles, etc., etc.
Les exemples suivants résumeront les principaux cas :

    1° Défaut de coffrage ;
    2° Boisage non arc-bouté sur la galerie inférieure ;
    3° Défaut d'encastrement des étançons ;
    4° Boisage mal établi dans un plissement ;
    5° Défauts de boisage ;
    6° Risques inhérents aux méthodes employées.

DÉFAUT DE COFFRAGE

Veine Albert Olry.

Quatre ouvriers étaient occupés à l'abattage de la veine Olry, quand ils rencontrèrent un accident *(fig. 1 pl. XVI)* caractérisé par un relevage du toit et un amas de charbon *A* au mur Le toit était très fissuré. L'un des ouvriers était occupé en *B*, au dépouillement de l'amas, et deux autres se trouvaient sur la voie supérieure, quand le toit, s'affaissant subitement, démolit le boisage et précipita les trois ouvriers dans la galerie inférieure *C*.

La promptitude de l'éboulement fut telle qu'un quatrième ouvrier, placé dans cette galerie, ainsi que le chargeur, n'eurent pas le temps de se garer et furent également ensevelis.

Cet accident est dû à l'imprudence des ouvriers et à la négligence du surveillant.

En effet, la disposition du boisage *B B'* était vicieuse, le coffrage mal exécuté. Le surveillant aurait dû obliger les ouvriers à le compléter en disposant les bois représentés en pointillé, de manière à empêcher l'éboulement des terrains fissurés par le repli des strates. Ainsi, les étançons *O*, *O'*, *O''*, auraient dû s'appuyer sur le longeon *MN*, etc.

Veine Portal.

Dans la veine Portal, de toit ordinaire et à mur variable avec 45° d'inclinaison et 0ᵐ 90 d'épaisseur, on occupait dans des tailles chassantes de 14 mètres quatre ouvriers. Les tailles à gradins renversés étaient complètement remblayées. L'inclinaison n'étant pas très forte et le mur souvent ordinaire ou bon, on n'avait pas placé de rallongues au toit et au mur sur toute la relevée de la taille, mais dans les parties où le mur était mauvais seulement.

Tout à coup, dans une partie où ce mur était friable, un bloc se détacha et fit glisser les rallongues de la partie supérieure de la taille. Les blocs détachés entraînèrent ensuite tout le boisage en ensevelissant les piqueurs.

Cet accident aurait pu être évité en plaçant des lignes de rallongues au toit et au mur sur toute la relevée de la taille; et, en les arc-boutant solidement entre elles d'une part et d'autre part sur les cadres de la galerie inférieure. Le bloc détaché aurait pu ainsi être maintenu, tandis qu'une seule ligne de rallongues n'a pas été suffisante pour résister efficacement à sa poussée.

BOISAGE NON ARC-BOUTÉ SUR LA GALERIE INFÉRIEURE

Veine de Launay.

Deux ouvriers travaillaient dans la première taille de la veine de Launay, de toit et de mur ordinaires d'une inclinaison de 90° et de 2 mètres de puissance moyenne *(fig. 2 pl. XVI)*.

La taille était disposée comme l'indique la *fig. 2* lorsque le planchage *B*, chargé de charbon, s'éffondra subitement en entraînant avec lui le boisage de la havée sur 3 mètres de hauteur. Un ouvrier qui se trouvait sur la voie inférieure au point *A* fut enseveli.

Le planchage n'aurait pas dû être arc-bouté sur une seule ligne de bois, mais sur deux au moins avec de profonds potias.

Un éboulement est survenu dans la veine Carette, où la dame *a*, *b*, *c*, *d* avait été restreinte à une havée.

La partie supérieure de la taille, vide depuis les remblais jusqu'au ferme sur une longueur de 9 mètres, s'effondra en masse en ensevelissant les mineurs Capelle et Quinquet.

Cet accident aurait pu être évité avec une dame suffisante ou des remblais complets.

Veine Viala.

Un accident est survenu dans la veine Viala, à toit ordinaire et mur mauvais de 1^m20 d'épaisseur, dont 0^m40 de terre et 50° d'inclinaison, par suite d'un défaut du boisage *(fig. 3 pl. XVI)*.

La taille chassante par gradins renversés avait 15 mètres. Les lignes de rallongues *g*, *h*, *i*, *o* étaient bien placées bout à bout, au toit comme au mur, mais elles n'étaient pas arc-boutées sur les cadres *a*, *b*, *c*, *d*, *e* de la galerie inférieure.

Tout à coup, un craquement se fit entendre, les rallongues glissaient. Un des mineurs parvint à se sauver dans la galerie inférieure, les autres furent ensevelis sous les décombres de la taille.

Sous l'influence de la poussée d'un bloc de charbon isolé par la cassure *M N*, les rallongues avaient glissé dans la voie inférieure ; elles gisaient pêle-mêle avec des débris d'épontes et les cadavres des trois mineurs.

Cet accident est dû à un défaut de boisage ; les lignes de rallongues auraient dû être arc-boutées sur les cadres de la galerie inférieure ; en outre, on aurait dû redoubler de précautions avec une cassure.

DÉFAUT D'ENCASTREMENT DES ÉTANÇONS

Dans les dressants, lorsque le toit et le mur sont bons, on peut se dispenser de placer des rallongues au mur. Quelquefois, on va plus loin encore et on se dispense aussi d'en placer au toit. Dans tous les cas, il importe d'encastrer chaque étançon dans des potias profonds dont la solidité soit assurée et de les caler soigneusement au toit. De nombreux accidents sont survenus par suite du défaut d'encastrement des étançons au mur, éboulements, chute des mineurs en circulant dans la taille, etc.

Il en est de même du calage au toit. Le montant doit faire un léger angle avec la normale en amont-pendage et être maintenu par un coin *(fig. 4 pl. XVI)*.

Nous insisterons dans la suite sur ces précautions dans le chapitre des éboulements des épontes.

BOISAGE MAL EFFECTUÉ DANS UN PLISSEMENT

Dans une taille qui traversait un renflement, une équipe d'ouvriers s'apprêtait à partir quand deux d'entre eux s'aperçurent que l'une des billes fléchissait. Ils prévinrent immédiatement leurs camarades qui étaient encore dans la taille du danger qu'ils couraient. L'un put se sauver, l'autre se baissait pour ramasser sa scie quand la bille venant à céder, un éboulement de 6 à 7 mètres cubes de charbon se produisit et le tua *(fig. 1 pl. XVII)*.

Quoique l'ouvrier cherchant sa scie ait été imprudent, une partie de la responsabilité incombe à la surveillance, qui ne devait pas laisser mettre les bois aussi éloignés (1ᵐ 50) dans un repli de terrain très fissuré.

DÉFAUT DE BOISAGE

Veine Tacquet.

Un ouvrier occupé à faire une sous-cave dans la veine Tacquet, dont le faux-mur est épais et friable, avait déjà placé un pilot *b (fig. 2 pl. XVIII)* ; il s'apprêtait à en poser un second *a* lorsque le bloc sous-cavé et découpé par un noir limet pesa sur les pilots, qui s'enfoncèrent dans le faux-mur. La victime ne pouvant se retirer assez vivement eut la tête prise et écrasée.

La responsabilité de cet accident incombe à la victime comme aux surveillants, qui n'auraient pas dû tolérer la pose des pilots sans rallonges au mur.

RISQUES INHÉRENTS AUX MÉTHODES EMPLOYÉES

Veine Carteron.

La veine Carteron, d'une épaisseur de 1 mètre et d'une inclinaison de 75°, est exploitée par tailles chassantes avec gradins renversés.

Un ouvrier placé en *B (fig. 1 pl. XIX)* effectuait l'abattage en montant lorsqu'un bloc de charbon de plus de 1 mètre cube se détacha et le tua. Sa chute fit céder le planchage, dont le boisage n'avait pas été rendu solidaire des étançons inférieurs, et surprit un autre ouvrier occupé en *A* à pratiquer une sous-cave. Le bloc était séparé de la masse environnante par une cassure (noir limet).

Avec des gradins renversés, on devait, autant que possible, n'occuper qu'un ouvrier par gradin ; mais la veine étant très dure, sans clivages, on avait pensé pouvoir adopter les gradins renversés pour faciliter l'abattage.

Veine Charpentier.

Un accident est survenu dans une taille montante de la veine Charpentier, de 1ᵐ20 de puissance et de 54° d'inclinaison. Quatre ouvriers étaient occupés au front de taille quand un bloc de charbon C *(fig. 2 pl. XIX)*, découpé par un noir limet *A B*, se détacha et ensevelit les quatre ouvriers, dont trois furent tués et le quatrième gravement blessé.

La responsabilité de l'accident doit être entièrement attribuée à la surveillance, qui n'aurait jamais dû exploiter par tailles montantes une veine d'une pareille inclinaison.

Veine Orsel.

Un accident a coûté la vie à deux ouvriers dans une des tailles chassantes de la veine Orsel, de 0ᵐ50 de puissance et de 77° d'inclinaison *(fig. 8 pl. XIX)*. Les deux ouvriers étaient placés sur des planchers, l'un en *C*, l'autre en *B*, quand un bloc de charbon *R* se détacha et les tua, en entraînant tout le boisage. C'est la présence d'un noir limet *A A'* qui a déterminé l'éboulement.

Cet accident ne serait pas survenu avec les gradins droits, qu'on aurait dû employer.

ACCIDENTS DUS A UNE CAUSE FORTUITE

Ces accidents peuvent être occasionnés :

    1° *Par le glissement des bancs ;*

    2° *Par le passage inaperçu des cassures.*

I° GLISSEMENT DES BANCS

La masse à abattre peut être comprise entre des sillons de schistes friables, des toits ou des murs lisses, pourris, sans adhérence, la laissant peser en bloc sur le soutènement, qu'elle finit par démolir.

Les épontes entaillées peuvent avoir affaibli un banc qui pourra glisser suivant son plan de stratification, etc.

Nous donnerons comme exemples les accidents suivants :

Veine Kuss.

Dans une veine irrégulière, en dressant *(fig. 1 et 2 pl. XXI)*, de 0ᵐ90 d'épaisseur, avec un mur variable, qu'on enlevait dès qu'il devenait mauvais, et un faux-toit de 0ᵐ20 à 0ᵐ50, laissé dans la taille et enlevé dans le creusement des galeries, on laissait dans la partie inférieure de la taille, où le terrain était un peu disloqué, un stot de charbon de 3ᵐ50 de hauteur *(fig. 1 et 2 pl. XX)*. A 1ᵐ20 de ce stot, on avait établi des hourdages en l'air x, y, aussi solides que possible, sur lesquels on faisait reposer les remblais qui atteignaient la galerie supérieure.

Dès qu'on n'avait plus besoin de maintenir, pour le passage des charbons, l'intervalle compris entre le hourdage et le stot, cet espace était remblayé au fur et à mesure de l'avancement. Les galeries étaient boisées avec des longeons et les bois étaient doublés.

Malgré ces dispositions, la partie supérieure de la taille devint pleine, suivant les hâchures $O\,I\,A$, et ensevelit deux ouvriers placés en A et en B; celui placé en C ne fut pas atteint.

La partie $F\,G\,H$, qui s'est éboulée, correspondait à un renflement de la veine. Ce renflement, de 2ᵐ50 environ d'épaisseur, était compris entre un faux-toit et un faux-mur friables. Pour creuser la galerie, on avait entaillé le faux-toit et le faux-mur *(fig. 2 pl. XX)*. La masse qui surplombait tendait donc à peser entièrement sur le boisage de la galerie. On avait d'abord effectué ce boisage avec des longeons; puis, un premier mouvement s'étant produit, on avait posé deux lignes de bois $K\,K'$ avec de nouveaux longeons à 0ᵐ50 des parois; enfin, on doublait les cadres de la paroi d'amont et on disposait les rallonges bout à bout quand l'accident est survenu.

Les bois DD', BB' *(fig. 1 pl. XX)* auraient dû, en effet, être placés bout à bout, comme dans la coupe $M\,N$ *(fig. 2 pl. XX)*. C'est au moment où cette erreur allait être réparée que l'accident est survenu.

Cet accident ne peut donc pas être entièrement attribué à une cause fortuite; nous l'avons cependant classé dans cette catégorie, la réfection s'opérant au moment de l'éboulement.

Le sauvetage fut effectué au moyen de la cheminée indiquée en pointillé.

Veine Haton.

Deux ouvriers effectuaient un montage de 2 mètres de largeur dans la veine Haton, de 1ᵐ50 d'épaisseur *(fig. 1 pl. XXII)*. Ils avaient placé trois lignes de rallonges bout à bout au mur et au toit et ils soutenaient au fur et à mesure la masse de charbon à abattre avec des étançons M et N.

Cette masse était divisée en trois sillons par deux lits de haveries A et B. Son adhérence étant ainsi bien diminuée, elle s'éboula tout à coup en entraînant les ouvriers au fond du montage, où on les retrouva ensevelis.

Le montage ne pouvait être remplacé par une descenderie. Un troisième étançon et un abattage fractionné auraient peut-être pu éviter la catastrophe; mais le charbon était assez dur et les mineurs ne pensaient pas, d'après le son du pic, qu'un accident fût à craindre.

Veine Regnard.

Dans la veine Regnard, en dressant, à mauvais toit et mauvais mur, on prenait des tailles de 11 mètres de relevée au moyen de gradins droits. Les remblais définitifs étaient montés verticalement à environ 2ᵐ50 de la veine en place dans la partie inférieure de la taille. Dans la partie supérieure, où l'avancement était plus grand, les remblais définitifs étaient plus éloignés; aussi, pour éviter l'effondrement, on disposait des remblais provisoires sur des hourdages en l'air, à environ 3 mètres du sol de la galerie supérieure, dans l'espace $a\,b\,c\,d$, comprenant deux havées *(fig. 1 pl. XXIII)*.

Le boisage était constitué par deux rallongues disposées, l'une au toit, l'autre au mur. Chaque rallongue était soutenue par quatre bois.

D'après les dires de l'ouvrier survivant, les ouvriers, avant l'accident, étaient placés aux points *A B C*.

Après l'éboulement général de la taille, qui fut instantané, la partie inférieure se trouvait remplie par un enchevêtrement de terres, de bois, de planches, de rallongues, au milieu desquels gisaient les trois ouvriers.

Dans la partie supérieure de la taille, tout le boisage était enlevé et avec lui la plus grande partie du mauvais toit et du mauvais mur.

Quelques heures avant l'accident, on avait fait partir une mine dans le mur de la galerie supérieure. Cette mine avait entaillé ce mur jusqu'à un plan de stratification bien net, et le mur, tendant ensuite à glisser, avait démoli le boisage.

On a, dans la suite, entaillé le toit et le mur et boisé plus solidement en redoublant de surveillance. Il n'y a plus eu d'accidents à déplorer.

L'entaillement étant réparti entre le toit et le mur, le banc du mur n'a plus été assez affaibli pour glisser. D'autre part, on a complété au fur et à mesure les remblais.

2° CASSURES INAPERÇUES

Les cassures inaperçues occasionnent de nombreux accidents. L'ouvrier qui travaille en dressant sous la masse à abattre est atteint par le bloc qui surplombe, détaché par suite de la présence d'un noir limet.

C'est surtout dans les plissements des strates que les cassures sont les plus nombreuses et que le boisage doit être particulièrement consolidé.

Nous citerons comme exemples les accidents suivants :

Veine Poteau.

Deux ouvriers travaillaient dans un montage de la veine Poteau, au niveau de 600 mètres, lorsqu'ils furent surpris par un éboulement.

La *fig. 1 pl. XXIV* indique la position des ouvriers.

Une faille *A' B'*, qui traversait les terrains, a été la cause de l'éboulement.

Une heure avant, le porion était passé dans la taille et l'avait trouvée en bon état. L'éboulement entraîna les ouvriers dans le montage *(fig. 2 pl. XXIV)*.

Pour opérer le sauvetage, on se trouva en présence de grandes difficultés. Les cadavres, que l'on apercevait au milieu de l'éboulement, étaient recouverts de blocs énormes, de roches enchevêtrées, de bois cassés et de débris de toutes sortes. On put retirer assez vite le corps de l'un des ouvriers, mais le sauvetage du second fut extrêmement pénible, de nouveaux éboulements menaçant à chaque instant la vie des sauveteurs.

D'autre part, le grisou s'était accumulé dans le vide formé par l'éboulement et il y avait lieu de redouter qu'une nouvelle poussée des terrains le fasse refluer sur les lampes.

On fut sur le point d'interrompre les travaux d'approchage direct et de creuser un puits latéral *D* et une galerie à travers-banc, ce qui aurait demandé quinze jours. Cependant, après une dernière tentative, on parvint près du dernier corps après trente heures de travail.

Cet accident ne peut être attribué qu'à une cause fortuite : les ouvriers ne pouvaient prévoir qu'une faille recoupait les terrains à 3 mètres environ des fronts, et le boisage était aussi bien fait que possible.

Comme dans tous les dressants, les rallongues étaient placées bout à bout, aussi bien au toit qu'au mur et aux parois. Elles étaient, en outre, soigneusement arc-boutées entre elles dans tous les sens, de manière à constituer un véritable coffrage.

Cette disposition évite la plupart des accidents ; mais évidemment, lorsque le bloc détaché est trop volumineux, le boisage peut céder. C'est ce qui est arrivé dans le cas qui nous occupe, le bloc mesurant plus de 6 mètres cubes.

La présence de la faille pouvait être décelée par des taches de pholérite. Mais ces taches n'accompagnent pas toujours les failles, surtout quand elles sont de faible importance, et elles ne sont pas toujours visibles.

CONCLUSIONS GÉNÉRALES

En somme, il ne suffit pas, en dressant, d'exécuter des coffrages solides, de les arc-bouter sur les galeries inférieures et de piloter le bloc à abattre. La moindre cassure, aggravée par un des mouvements si fréquents du toit, pouvant occasionner un éboulement, il faut abandonner l'exploitation par tailles montantes dès que l'inclinaison est assez élevée, ainsi que l'exploitation par gradins renversés. C'est ainsi qu'à Anzin, etc., au-dessus de 50°, on emploie assez fréquemment les gradins droits.

Pour diminuer les risques que comportent les tailles montantes, on adopte parfois des dispositions spéciales.

Tel est le cas de la veine n° 1 de la Compagnie de l'Escarpelle *(fig. 3 pl. XIX)*, où l'aile droite est poussée à l'avance afin de faire reposer les cassures au moins d'un côté sur les remblais ou des piliers de vieux bois.

Il en est de même de la veine Charlotte de Bully-Grenay *(fig. 4 pl. XIX)*, dont la disposition du front de taille permet, en outre, de reconnaître à l'avance le passage des cassures.

Avec les tailles chassantes, l'abattage est beaucoup moins dangereux, le charbon sous-cavé s'appuie par sa base inférieure contre la partie intacte de la taille. Cependant, lorsque l'inclinaison est très forte, une cassure peut dévier le bloc et le précipiter dans la taille, où il atteindrait tous les mineurs.

Les fronts droits des tailles chassantes en dressants sont donc à proscrire, chaque ouvrier devra avoir un gradin spécial.

On emploie deux sortes de gradins :

1° *Les gradins droits ;*

2° *Les gradins renversés.*

Chacun de ces systèmes présente l'avantage d'isoler l'ouvrier et, par conséquent, de localiser les accidents. Le mineur peut employer les gradins renversés en montant ou en chassant.

En montant, il pratique une petite taille montante, il est donc seul exposé.

En chassant, l'ouvrier supérieur *B* (*fig. 5 pl. XIX*) expose son collègue *A*, le bloc qu'il sous-cave n'étant pas retenu par sa base inférieure.

Avec les gradins droits, il n'en est plus de même, l'ouvrier doit travailler en descendant ou en chassant.

En chassant, un noir limet *O O'* (*fig. 6 pl. XIX*) peut bien tendre à détacher le bloc, mais sa chute est difficile, sinon impossible, parce qu'il est toujours soutenu par sa partie inférieure, et parce qu'il ne surplombe pas. La sécurité est donc bien plus grande.

En descendant, la sécurité est aussi grande que possible, un accident ne pouvant survenir que si la paroi supérieure de la taille n'est pas suffisamment boisée.

Nous citerons comme exemple la méthode employée à Marihaye (*fig. 7 pl. XIX*). L'ouvrier, après s'être assuré de la solidité de ses étançons, pose un planchage *P* appuyé sur les étançons des rallonges placées bout à bout. Il effectue ensuite la sous-cave *A*. Lorsque cette sous-cave est poussée jusqu'à 1 mètre à $1^m 50$ de profondeur, il pose des queues *O O'* potelées dans la veine et il abat en descendant.

Avec un personnel actif surveillant de près les cassures et leur prolongement ainsi que l'état des bancs encaissants, les accidents fortuits peuvent ainsi être très sensiblement diminués.

Il importe, dans tous les cas, de ne laisser travailler en dressant que des ouvriers d'élite expérimentés dans ce genre de travail.

ACCIDENTS DUS A LA CHUTE DE LA MASSE A ABATTRE
dans les Plateures.

Dans les plateures, la chute de la masse à abattre est évidemment moins redoutable que dans les dressants.

C'est le havage qui en est presque toujours l'unique cause, sauf dans les veines épaisses, où la rencontre de joints peut occasionner des éboulements sans sous-cavage, aussi les accidents par sous-cavage ayant été traités précédemment, nous ne dirons que quelques mots de ce genre d'accidents.

Nous diviserons, comme précédemment, les accidents survenus en deux catégories :

1° *Accidents dus à des causes fortuites, etc. ;*

2° *Accidents dus à la négligence, l'inexpérience, l'imprudence du personnel, etc.*

ACCIDENTS DUS A DES CAUSES FORTUITES

Des fissures non observées sont, dans la plupart des cas, la cause de ces accidents.

Nous citerons comme exemples ceux des veines Alfred, Dorsinfang, etc.

Dans la veine Alfred *(fig. 1 pl. XXV)*, un ouvrier avait effectué une sous-cave de $1^m 30$; il avait posé des pilots à 1 mètre de distance et avait sondé ou baumé[1] la masse à abattre, lorsqu'un bloc conique se détacha entre les pilots et l'écrasa.

Quelquefois, ce n'est pas seulement un petit bloc qui passe entre les pilots, mais toute la masse qui surplombe. Tel est le cas de la veine Dorsinfang.

D'autres fois, une layette de charbon cache les fissures. Tel est le cas de l'accident survenu dans la veine Triquet, de 12 à 15° d'inclinaison, à toit et mur ordinaires.

L'accident s'est produit dans une taille montante creusée pour servir d'emplacement à un treuil. On effectuait le havage sous le banc de terre M *(fig. 4 pl. XXV)*, puis on avançait de 2 à 3 mètres sous la layette de $0^m 45$ du toit, qui est excessivement dure et compacte, afin de l'abattre plus facilement.

Deux étançons avec rallongues a et b soutenaient provisoirement la layette et un troisième, n, le sillon de terre M.

Tout à coup, la layette et le toit qui surplombaient s'éboulèrent en masse en ensevelissant sous les bois cassés ou culbutés un des mineurs.

La layette avait masqué la présence d'une cloche isolée par des surfaces lisses mesurant 2 mètres de hauteur sur $2^m 50$ de longueur et $1^m 75$ de largeur.

L'abattage de la layette aurait permis d'apercevoir les joints et les taches de pholérite qui l'accómpagnaient.

Cet accident doit donc être attribué entièrement à une cause fortuite.

ACCIDENTS PAR IMPRUDENCE, NÉGLIGENCE OU INEXPÉRIENCE DU PERSONNEL

Les accidents par imprudence sont extrêmement nombreux, et comme la masse à abattre ne surplombe pas aussi fortement que dans les dressants, la plupart sont occasionnés par le manque de précautions prises pendant le dépilotage du minerai ou pendant son abattage.

Nous citerons les exemples suivants :

Veine Voisin.

Dans cette veine *(fig. 2 pl. XXV)*, on s'était contenté de poser des pilots suivant la normale. Ces pilots, en s'enfonçant dans le faux-mur, furent déviés et culbutés. L'ouvrier qui sous-cavait fut tué.

[1] L'ouvrier appelle baumer l'action de heurter une masse avec le pic, de manière à juger par le son rendu la présence des cassures.

Veine Faure.

Dans la veine Faure, un ouvrier voulait faire tomber un bloc de schiste intercalé au centre de la couche, lorsque le bloc, insuffisamment piloté, tomba et le blessa.

Veine Leroy, Dincq.

Très souvent, après avoir dépiloté, les mineurs se placent en face des masses à abattre et provoquent trop audacieusement leur chute en se tenant à leur portée.

Telles sont les causes des accidents suivants :

1º Veine Leroy. — Après avoir dépiloté, un ouvrier se plaça à genoux en *A B* au-dessous d'un bloc en le frappant avec le pic, lorsque tout à coup une partie s'en détacha et l'écrasa *(fig. 3 pl. XXV)* ;

2º Veine Dincq. — Après avoir dépiloté un bloc d'un traçage en ferme, les ouvriers, voyant que ce bloc ne tombait pas, se mirent à continuer leur coupure lorsque ce bloc tomba et les blessa.

CONCLUSIONS GÉNÉRALES

Ce sont les bancs les plus durs qui occasionnent le plus souvent ces imprudences. L'ouvrier, constatant pendant un temps assez long qu'il n'y a pas d'éboulement, ne s'en préoccupe plus.

Tel est le cas de la veine Victor, si dure qu'elle ne peut être abattue qu'avec la poudre. Les ouvriers, confiants dans sa dureté, dépilotèrent pour miner et furent atteints par la chute de la masse sous-cavée, qu'un noir limet isolait.

Il est surtout imprudent, après qu'un bloc dépiloté a passé une nuit, de travailler au-dessous.

Pendant la nuit, le toit a pesé, les anciennes cassures se sont agrandies, de nouvelles ont pu s'ouvrir.

C'est la cause de nombreux accidents, notamment de la mort de deux mineurs occupés dans la veine Marie, etc., etc.

Dans les plateures assez fortement inclinées comme dans les dressants, on doit piloter dans plusieurs sens. Un grand bois placé en travers ne peut pas éviter ces précautions, surtout quand il est serré ou arc-bouté contre un toit peu solide.

Il ne faut pas retourner trop rapidement sur un coup de mine qui vient de partir.

C'est ainsi que dans la veine Lévêque, un ouvrier saisi dans les fumées a été blessé par la chute d'un bloc, pendant qu'il s'avançait en tâtonnant contre les parois. Il faut non seulement que la fumée soit évacuée, mais aussi qu'on se soit assuré, par le choc, qu'il n'y a pas de blocs prêts à tomber.

C'est ainsi que dans la veine Salomon, un ouvrier a été tué en retournant sur un coup de mine et en se mettant au travail sans heurter préalablement les parois de l'excavation.

CHUTE DES ÉPONTES

Les accidents dus à la chute des épontes sont très nombreux, surtout ceux dus aux chutes du toit. Ce n'est que très rarement, dans les parties inclinées ou lorsqu'il boursouffle, que le mur peut occasionner des accidents.

Nous distinguerons donc :

1° *Les accidents dus à la chute du toit ;*

2° *Les accidents dus à la chute ou aux mouvements du mur.*

Parmi les accidents dus à la chute du toit, il y a lieu de distinguer :

1° *La chute des cloches ;*

2° *La chute des bancs ;*

3° *La chute des masses circonscrites par des cassures ;*

4° *Les effondrements en masse, orages, etc...*

CHUTE DES CLOCHES

Les chutes des cloches isolées par des surfaces lisses constituent les accidents les plus fréquents. Leur forme peut se rapprocher des types suivants :

1° *Cloches cylindriques ;*

2° *Cloches coniques ;*

3° *Cloches demi-sphériques ;*

4° *Cloches demi-elliptiques.*

L'examen des *fig. 3 pl. XXVII* et *fig. 1 pl. XXVIII* montre qu'il y a lieu de distinguer les cloches en place dont la partie large affleure au toit des cloches renversées qui affleurent par leur partie rétrécie. Ces dernières ne peuvent choir qu'avec les bancs eux-mêmes. Le danger qu'elles présentent est donc incomparablement moindre.

On reconnaît la présence des cloches par leur son clair sous le choc du pic ou par la trace que laissent les surfaces lisses qui les isolent dans le toit.

Quand on frappe une cloche en un point où elle est épaisse, le choc ne donne aucun indice. Il en résulte que de nombreuses cloches peuvent tomber sans qu'on puisse soupçonner leur présence par le baumage (choc du pic).

Il faut pouvoir apercevoir les traces du filet lisse qui isole le bloc détaché ; or, les traces de ce filet sont parfois si ténues qu'il faudrait posséder une lampe très éclairante pour les bien apercevoir. Les lampes ordinaires de sûreté sont, à cet égard, tout à fait insuffisantes ; aussi, quelques exploitants de mines fort peu grisouteuses ont prétendu, pendant les enquêtes des Commissions anglaises, que les lampes de sûreté occasionnaient plus de victimes par suite des éboulements qu'elles ne permettaient pas d'éviter que les lampes à feu nu par leurs flambées.

On voit qu'il importe beaucoup d'observer soigneusement le toit. Il faut non seulement reconnaître qu'il y a des cassures, mais se rendre compte de la forme et de l'étendue de ces cassures et des blocs qu'elles isolent, afin de pouvoir disposer efficacement le soutènement. Mais l'ouvrier mineur peut-il examiner son toit comme un savant examine les microbes avec un microscope ; son temps est limité par la nécessité de remplir un certain nombre de berlines ; ses moyens d'investigation sont rudimentaires. Il faut donc que les fissures soient assez visibles pour que l'examen rapide qu'il en fait, avec une clarté assez faible, permette de les apercevoir.

Les imprudences ou les accidents dus à l'inexpérience du personnel ne manquent cependant pas.

Nous allons en donner quelques exemples :

Veine Mirc.

Un ouvrier était occupé à reculer dans la voie B les charbons qu'il avait abattus en A, lorsqu'il fut grièvement blessé par le bloc C, mesurant 1 mètre de longueur, 0^m80 de largeur et 0^m10 d'épaisseur *(fig. 2 pl. XXVIII)*.

Le boisage et les remblais étaient disposés comme l'indique la figure. La rallongue $a\,b$ n'était soutenue que par un bois en son milieu.

L'ouvrier a déclaré avoir sondé le toit quelques instants avant l'accident et ne s'être aperçu d'aucun danger.

Cette déclaration ne peut être acceptée ; la cloche n'ayant que 0^m10 d'épaisseur, le choc devait lui indiquer sa présence.

D'autre part, il devait mettre trois bois à sa rallongue.

L'inexpérience est notoire.

Veine Gruner.

Un ouvrier qui creusait une cheminée $M\,N$ n'avait placé aucun bois sur une relevée de 1^m40. La veine, en ce point, subissait une étreinte et était fissurée. Tout à coup, un bloc O se détacha et le tua *(fig. 3 pl. XXVIII)*.

L'imprudence est d'autant plus notoire qu'un accident affectait la veine.

Veine Sarradon.

Un accident analogue est survenu dans la veine Sarradon. Un ouvrier n'avait pas voulu boiser sa havée, malgré les recommandations de ses camarades, lorsqu'une cloche A se détacha du toit et le tua *(fig. 1 pl. XXIX)*.

L'imprudence est flagrante.

Veine Nissolle.

Dans la veine Nissolle, un accident identique est arrivé. Un ouvrier avait avancé de 3 mètres sans boisage. Il avait constaté la présence d'une cloche sans s'en préoccuper.

L'inexpérience et l'imprudence sont notoires, l'ouvrier aurait dû immédiatement consolider la cloche.

Veine Astruc.

Un ouvrier procédait à l'abattage dans une taille de la veine Astruc, de 0^m 90 d'épaisseur, à toit et à mur ordinaires.

Après avoir mis le toit à nu, il aperçut une cloche. Pour ne pas effectuer un boisage supplémentaire, il voulut la faire tomber avec son pic ; mais à peine l'avait-il frappée de quelques coups qu'elle se détacha subitement et le blessa.

Cet accident aurait pu être évité si cet ouvrier s'était placé dans une position convenable pour éviter d'être surpris par la chute du bloc qu'il voulait abattre.

Il doit donc être attribué à l'inattention de l'ouvrier.

Veine Simon.

Un mineur était occupé dans une taille de la veine Simon, de 1^m 80 d'épaisseur et de 80° d'inclinaison.

Ayant aperçu un caillou intercalé dans la veine, il voulut enlever le charbon qui l'entourait. Pendant qu'il effectuait cette opération, la pierre tomba et lui fractura le bras.

La victime n'aurait pas dû sous-caver le bloc en se plaçant à la portée de sa chute.

CAUSES FORTUITES

Un très grand nombre de chutes de cloche sont dues à l'impossibilité de reconnaître leur présence par le son du pic. Nous allons en donner quelques exemples :

Veine Biver.

La taille approchait d'un crain (petite faille). La veine, qui avait ordinairement 0^m 50, n'avait plus que 0^m 40, puis venait buter contre le crain. Les rallonges et les queues étaient distantes de 1 mètre. Tout à coup, un bloc demi-sphérique de 0^m 80 de circonférence sur 0^m 80 de hauteur se détacha et blessa un mineur. Cet ouvrier venait de commencer l'abattage du charbon.

La cloche étant assez épaisse, le blessé, qui avait sondé le toit, n'avait pu se rendre compte de sa présence, tandis que d'autre part la faible clarté de sa lampe de sûreté ne lui avait pas permis de constater les filets lisses qui isolaient la cloche.

Veine Mallard.

Cette veine, de 2 mètres de puissance, est composée de deux sillons de charbon séparés par un banc de schistes. Son toit et son mur sont ordinaires.

La victime circulait dans sa havée lorsqu'un bloc de 1ᵐ 50 d'épaisseur, 3 mètres de longueur et 1ᵐ 50 de largeur se détacha du toit et l'écrasa.

Une cassure dans le toit, bien visible après l'accident, mais que l'ouvrier n'avait pas aperçue avant, avait déterminé l'éboulement.

La taille était bien remblayée et le boisage fait réglementairement.

La cause de cet accident ne peut être attribuée à l'ouvrier, car le baumage d'une pierre aussi grosse n'aurait pu lui faire soupçonner le danger qu'il courait, tandis que d'autre part un lit de charbon adhérent au toit masquait la présence des cassures. Dans ce cas, d'ailleurs, même avec des cloches minces, la layette de houille amortissant le choc du pic empêche de constater leur présence.

Veine Petit.

Un ouvrier placé au front de taille effectuait un havage, quand tout à coup, et sans qu'aucun bruit précurseur se fit entendre, une cloche de 0ᵐ 70 de longueur, 1ᵐ 40 de largeur et 0ᵐ 50 d'épaisseur au milieu se détacha du toit de la veine, roula sur le mur et vint lui fracturer la jambe.

Les rallongues entre lesquelles est tombée la cloche étaient distantes de 1ᵐ 20.

Les queues n'étaient pas assez rapprochées pour éviter l'accident.

La victime ayant inspecté le toit avec sa lampe et son pic, cet accident ne peut être attribué qu'à une cause fortuite, au risque professionnel inhérent à la nature même du travail.

Nous n'en finirions pas si nous voulions citer des accidents analogues.

Les chutes de cloche constituent un des accidents les plus fréquents des travaux sous-terrains.

CONCLUSIONS GÉNÉRALES

Quand on a reconnu la présence d'une cloche, il ne suffit pas de poser un bois. Il faut examiner à peu près son importance et se rendre compte, par le son, de sa forme et de ses extrémités *(fig. 2 pl. XXIX)*.

Il est évident, par exemple, qu'avec un seul bois c la cloche $M N$ culbutera au milieu. Il en serait de même si l'on plaçait le second bois A tangent à la lèvre du bloc.

Il faut, pour éviter toute erreur (le passage des cassures n'étant pas toujours net) placer dans l'espace fissuré plusieurs étançons avec des rallongues et des queues.

Malheureusement il est bien difficile d'obtenir de tous les ouvriers tant de précautions.

Avec l'habitude, les ouvriers deviennent trop indifférents au danger. Il faut que les surveillants réagissent pour les obliger à prendre les précautions usuelles. Et leur tâche, surtout dans les moments difficiles, n'est pas toujours aisée.

Un grand nombre d'accidents pourraient être évités avec des lampes plus éclairantes permettant d'apercevoir les cassures. Malheureusement il n'en existe pas. Les mineurs sont donc continuellement exposés à la chute de blocs invisibles.

On ne peut y remédier pratiquement qu'en prescrivant l'emploi des allonges. Les allonges sont des tiges de fer de 1m 40 environ, se terminant d'une part en tête carrée, d'autre part en pointe aplatie que l'on glisse comme une paleplanche sur la dernière rallongue, de manière à protéger la havée dans laquelle les mineurs effectuent l'abattage.

Ces précautions ont donné d'excellents résultats dans les Compagnies qui les ont appliquées strictement. C'est ainsi qu'à Courrières, avec l'emploi combiné des diverses précautions usuelles et les allonges, le nombre d'accidents est devenu très faible.

CHUTE DES BANCS DU TOIT EN MASSE OU ISOLÉMENT

La chute des bancs du toit peut être occasionnée par de trop grandes portées dépassant leur limite de rigidité. C'est le cas des tailles qui deviennent pleines par suite du manque de remblais ou de boisage.

Nous citerons comme exemples les effondrements survenus dans les veines Bleue (Escarpelle), Sainte-Barbe (Courrières), veine Carrez, veine de Commentry, Dusouich et Alfred (Lens).

Dans toutes ces veines, lorsque le vide est non remblayé ou remblayé incomplètement, le toit s'effondre en masse jusqu'au ferme, et cet effondrement se poursuit souvent dans les galeries qui sont écrasées. L'affaissement est annoncé par des craquements des bois et des grondements du terrain.

Les mineurs disent qu'un orage va éclater et ils se sauvent dans le ferme ou au loin. Les orages surviennent surtout avec les meilleurs toits.

Avec les toits friables, fissurés, ébouleux, il ne peut pas exister de grands vides ; l'effondrement tend à s'opérer partiellement ; tandis qu'avec les bons toits l'étendue des espaces non remblayés peut-être très grande, même sans boisage : 50 mètres, 100 mètres, 200 mètres.

Il faut parfois provoquer la chute du toit avec de la dynamite. Quelques exemples le montreront.

TOITS RIGIDES : ÉBOULEMENTS EN MASSE

Veine Bleue de l'Escarpelle.

Dans la veine Bleue de l'Escarpelle, en dressant, avec toit de kuerclles, quand le vide non remblayé atteignait 80 à 100 mètres, le toit s'éboulait soudainement jusqu'au front de taille ; les ouvriers, prévenus par des craquements, se sauvaient rapidement.

Veine Sainte-Barbe de Courrières.

Dans cette veine, lorsqu'on laissait de trop grands espaces non remblayés, le toit s'affaissait en masse, écrasant les tailles et les galeries.

Malgré le déboisage, l'effondrement du toit ne se produisait pas parfois régulièrement ; aussi, on n'hésitait pas à employer la dynamite pour abattre le toit et provoquer l'éboulement.

Veine Laffite.

Dans certains cas, l'effondrement en masse, brisant les treuils, remplissant les tailles incomplètement remblayées, s'est propagé dans les terrains supérieurs, déjà disloqués par des travaux analogues d'autres veines, et a finalement provoqué une irruption des eaux du niveau dans la mine.

Veine Courtin.

A Commentry, une couche de 1ᵐ 30 d'épaisseur était à peu près horizontale, le plafond était soutenu par un boisage ordinaire, le niveau du sol était situé à 18 mètres de hauteur. Le dépilage, qui durait depuis trois mois, avait dépouillé 350 mètres carrés, lorsque des craquements se firent entendre. Le bruit dura trois heures, puis un effondrement général se produisit ; le toit s'affaissa en forme de cuvette de 0ᵐ 50 de profondeur et la cuvette s'approfondit ensuite de 0ᵐ 21 en vingt-quatre heures.

Veine Villot.

Cette veine, composée de trois sillons, a une épaisseur de 1ᵐ 60 tout charbon. Le toit ainsi que le mur sont très bons : l'inclinaison moyenne est de 20°.

La méthode par foudroyage est employée. Les traçages ont 2ᵐ 50 de largeur et les piliers 12 mètres.

Le toit étant très bon permet de dépouiller une grande partie du gîte sans qu'aucun éboulement ne survienne.

Mais lorsque le terrain commence à peser, tout le toit découvert s'effondre immédiatement et le plus souvent jusqu'au front de taille.

C'est ce qui est arrivé dans un dépilage où trois tailles avaient déjà déhouillé environ 300 mètres carrés.

Le toit, qui jusque-là n'avait brisé que quelques bois en arrière des fronts, s'affaissa subitement en masse en ensevelissant un ouvrier sous les éboulements.

En provoquant l'éboulement du toit au fur et à mesure de l'avancement, on évite, comme dans les veines Sainte-Barbe de Courrières, Bleue, etc., ces effondrements.

TOITS ORDINAIRES S'ÉBOULANT AU FUR ET A MESURE

Veine Robinet.

Dans la veine Robinet, de 1ᵐ 50 d'épaisseur et de 15 à 20⁰ d'inclinaison, dont le toit est assez bon, mais sans adhérence, le plafond s'éboule au fur et à mesure du déhouillement.

Veine Breton.

La veine Breton, de 1ᵐ 20 d'épaisseur utile, a un toit ordinaire de schistes qui s'éboule régulièrement à une distance de 10 à 15 mètres des fronts, aussi on n'y a jamais constaté d'orage et d'effondrement en masse.

Il en est de même de nombreuses couches à toit peu rigide.

MAUVAIS TOIT

Lorsque les couches sont surmontées par des terrains friables ou fissurés, l'effondrement a lieu immédiatement si un soutènement efficace ne l'évite. Dans tous les cas, on le laisse opérer dès que la taille a avancé. Il n'y a jamais de grands plafonds prêts à s'effondrer. Lorsque les bancs du toit sont résistants mais isolés des bancs supérieurs par des lits schisteux ou charbonneux, des tassements en masse peuvent survenir avec des remblais assez complets et, dans tous les cas, des vides assez faibles.

Ainsi, à Aberdare, l'Ol-Coal, de 2ᵐ 10 d'ouverture avec 45 centimètres de terre. est sujette à de fréquents mouvements du toit, parce qu'elle est surmontée, sur 3ᵐ 50 de hauteur, par une succession de lits friables et de schistes charbonneux[1].

Il en est de même dans la veine Albrack, de Marles, Mallard, Meurgey, etc.

Veine Albrack (Marles).

Cette veine, de 1ᵐ 30 d'épaisseur, a un toit constitué par 0ᵐ 60 de rocs ordinaires et 5 mètres de schistes charbonneux. Elle est exploitée par tailles montantes de 12 mètres avec remblais incomplets *(fig. 1 pl. XXX).*

Les deux cheminées placées sur les côtés ont 2 mètres de largeur. Le front de taille est boisé avec des rallonges métalliques de 4 mètres. On enlève ces rallonges au fur et à mesure de l'avancement et on laisse le toit s'ébouler en arrière. De l'éboulement, on retire les blocs fournis par le toit ordinaire et avec ces blocs on monte un meurtiat le long de chaque cheminée.

Ce foudroyage ne peut être appliqué, sans écraser les galeries, qu'en abandonnant, le long de chacune d'elles, un massif de 4 mètres qu'on recoupe tous les 15 à 20 mètres pour assurer l'aérage. Le faux-toit, en tombant complètement, remblaye la taille. L'inclinaison étant de 26⁰, les terres du foudroyage glissent naturellement et la taille se remplit automatiquement de remblais.

---

[1] Pernolet et Aguillon. Rapport de mission en Angleterre. Dunod, éditeur.

On exploitait autrefois cette veine par tailles montantes de 12 mètres en remblayant le voisinage des treuils avec le coupage du mur. Lorsque la taille n'était pas bien remblayée, le toit s'effondrait en la remplissant et en écrasant les galeries.

D'autre part, pour remblayer à peu près complètement, il fallait exécuter un coupage de mur onéreux. Avec la nouvelle méthode, les deux hommes qui étaient occupés au coupage de mur suffisent dans trois tailles : 1° Pour le coupage de mur ; 2° pour le déboisage ; 3° pour retirer les cailloux et monter les meurtiats. En outre, il est très rare que les galeries soient écrasées.

EXEMPLES DIVERS

ÉBOULEMENTS EN MASSE

Nous diviserons la chute du toit dans les tailles en deux catégories principales :

    1° Les éboulements en masse remplissant les tailles et se ramifiant parfois dans les galeries ;

    2° Les chutes partielles du toit.

Nous allons d'abord examiner les éboulements en masse.

Ces effondrements peuvent être dus à diverses causes :

    1° Grands vides non éboulés (trop grande portée, toits trop raides) ;

    2° Grandes étendues incomplètement remblayées ;

    3° Fissures ;

    4° Fronts trop étendus ;

    5° Mauvais toits ;

    6° Défauts de boisage.

TROP GRANDS VIDES NON ÉBOULÉS OU NON REMBLAYÉS —
TOITS TROP RAIDES

Nous avons insisté précédemment sur les dangers que présentaient de trop grandes portées du toit. A la longue, les bancs les plus solides cèdent, et plus leur solidité et leur portée sont grandes, plus les mouvements qu'ils occasionnent lorsqu'ils s'ébranlent sont considérables. En conséquence, quelle que soit la nature du toit, il faudra, par le déboisage ou la dynamite, en provoquer la chute régulière.

Nous citerons comme exemple la veine Lemay.

Veine Lemay.

La veine Lemay *(fig. 2 pl. XXX)*, de 1^m20 d'ouverture, dont 0^m20 de terre, est inclinée de 25°.

Une taille montante de 22 mètres de largeur, pratiquée en traçage, avait atteint une relevée de 85 mètres lorsqu'on entendit d'abord de petits craquements, qui devinrent de plus en plus forts, puis cessèrent. Les ouvriers, qui s'étaient d'abord sauvés, remontèrent et consolidèrent le front de taille, où un noir limet parallèle au front venait d'être recoupé. Ils avaient à peine recommencé leurs travaux lorsqu'un craquement se fit de nouveau entendre. Trois d'entre eux purent encore se sauver, mais le quatrième fut atteint par l'éboulement.

La taille était incomplètement remblayée. On montait le long des parois du treuil des meurtiats de 1^m50 de largeur et le long du châssis d'aérage un petit meurtiat. Le centre de la taille était vide ; d'autre part, un soiement $M\,N$ suivait le plan incliné à 2 mètres de la coupure, depuis la voie de fond.

Veine Ledoux.

Cette veine, d'une puissance de 1^m30, se compose de deux sillons de charbon séparés par un lit de terre de 0^m20. Son inclinaison varie de 5 à 10°. Elle est exploitée par tailles chassantes. La relevée des tailles était de 12 mètres, les terres fournies par la veine et le coupage de mur étaient insuffisantes pour remblayer complètement.

Le toit étant très bon, on ne prenait pas la peine de disposer les remblais en dames ou près des galeries et on les jetait çà et là dans la taille. Le toit n'était ainsi soutenu que par le boisage.

Lorsque la voie de fond eut atteint 200 mètres d'avancement et les tailles contiguës 150 mètres de développement, le toit commença à céder.

Pendant deux jours, les bois cassaient de toute part dans les tailles et dans les voies et on entendait les bancs supérieurs se décoller. On consolida immédiatement les galeries aussi bien que possible en plaçant de gros bois de chêne très rapprochés. Mais le troisième jour, malgré ce surcroît de soutènement, un mouvement irrésistible se produisit ; toutes les tailles et les galeries s'éboulèrent.

La plupart des ouvriers eurent le temps de se sauver, sauf ceux de la taille supérieure, qui avaient un trop long parcours à faire pour arriver sur la voie du fond.

Pour éviter cet accident, il aurait été nécessaire de monter des meurtiats le long des galeries, d'accumuler des remblais autour de ces meurtiats et de disposer des dames de distance en distance. Dans le milieu de la taille, on aurait dû en même temps provoquer l'éboulement du toit.

Ces mesures, prises dans la suite, ont évité tout retour d'effondrement analogue.

Les maîtres-mineurs avaient, d'ailleurs, été prévenus que si les remblais n'étaient pas disposés près des galeries et des dames montées tous les 20 mètres, leur prime serait supprimée.

Veine Aumard.

La veine Aumard, de 85° d'inclinaison, se compose de deux sillons. l'un de 0^m20, l'autre de 0^m80, séparés par un lit de schistes de 0^m20.

Son exploitation a lieu par tailles chassantes de 12 à 15 mètres de relevée ; mais comme les terres fournies par l'abattage sont insuffisantes, on laisse au centre des tailles des espaces vides non remblayés, dits voleurs.

Un ouvrier de l'une des tailles supérieures passait en *B (fig. 3 pl. XVIII)*, lorsque le hourdage de la taille inférieure céda en l'entraînant dans le vide.

En même temps, cinq ou six cadres de la galerie furent culbutés et provoquèrent le glissement des remblais de la taille supérieure.

Cet accident est dû à l'emploi d'une méthode par remblais incomplets, dangereuse avec d'aussi fortes inclinaisons, surtout avec une veine à mur ordinaire mais à mauvais toit.

Veine Layres.

Cette veine est exploitée en dressant.

Un ouvrier passait dans une cheminée lorsque celle-ci s'effondra en entraînant avec elle le mineur.

Les remblais n'étaient pas complets dans la taille inférieure. La voie reposait sur un hourdage en l'air, qui n'était soutenu que par le bois *M (fig. 4 pl. XXXVI)*.

Cet accident est dû d'abord à l'imprudence du personnel, qui aurait dû veiller à la solidité du hourdage au moment de sa construction.

D'autre part, on devrait, autant que possible, remblayer complètement dans les dressants.

FISSURES

On peut diviser les accidents dus aux fissures en deux catégories. Ceux qui sont dus :

1° *Aux fissures visibles ;*

2° *Aux fissures invisibles.*

Nous nous occuperons d'abord des fissures visibles, puis nous dirons un mot des fissures invisibles.

Veine Combes.

La veine Combes a 1^m 30 d'ouverture ; elle est inclinée de 25° et exploitée par tailles chassantes de 12 mètres.

Un soiement ayant été observé dans les trois premières tailles, on s'était contenté de boiser plus fortement les galeries et de mettre quatre bois par rallongue près du soiement.

Le coupage du mur ne fournissant pas assez de terres, le centre de la taille était remblayé incomplètement. Tout à coup, des craquements se firent entendre, le toit s'effondra le long du soiement, en remplissant les tailles et en disloquant les galeries. Quatre ouvriers furent ensevelis dans la taille supérieure.

Les précautions prises étaient notoirement insuffisantes. On aurait dû monter de larges dames le long du soiement et doubler les rallongues.

Veine Kopp.

Cette veine, de 1^m 50 d'épaisseur et 15° d'inclinaison, est exploitée par dépilage.

Son toit étant très fissuré, on ne peut laisser en arrière des vides non éboulés, même de faible importance, 4 à 6 mètres, sans s'exposer à voir la taille devenir pleine. Il faut provoquer par le déboisage la chute du toit lorsque l'effondrement tarde à s'effectuer.

Veine Barillon.

La veine Barillon, de 1^m 20 d'épaisseur et de 50° d'inclinaison, est exploitée par tailles chassantes de 15 mètres. Les remblais étant insuffisants, on protège la galerie supérieure par un hourdage en l'air *(fig. 3 pl. XXX)* et on monte tous les 8 à 10 mètres des dames d'une largeur de 2 à 2^m 50.

Une fissure ayant été découverte à 0^m 10 du front de taille, la dernière dame, située à 3^m 60 du front, et le boisage furent culbutés ; les deux tailles voisines s'effondrèrent également, ainsi que les galeries contiguës.

Plusieurs éboulements analogues s'étaient déjà produits et aucun mode de soutènement n'avait pu les éviter, sauf un remblayage complet. Cette précaution aurait dû être adoptée, d'autant plus que la résistance d'un hourdage en l'air avec de fortes inclinaisons est toujours problématique.

Dans les veines très inclinées, dès qu'il y a des fissures et qu'il manque des remblais, un accident est à craindre.

Veine Maximilien Évrard.

Cette veine a 0^m 80 d'épaisseur et 35° d'inclinaison. Son toit et son mur sont formés de rocs friables.

Elle est sillonnée par un grand nombre de cassures de 0^m 01 à 0^m 04 de largeur, distantes de 1^m 50 à 6 mètres, suivant la même direction dans le toit que dans le mur.

Ces cassures forment avec le plan de stratification des épontes un angle de 52° et avec la ligne de plus grande pente un angle de 38°.

Les tailles chassantes étaient adoptées, des éboulements survenaient assez fréquemment dans les tailles et les galeries.

On est parvenu à les supprimer presque complètement :

1° En entaillant le dur mur de manière à obtenir des dalles solides pour monter des meurtiats incompressibles ;

2° En distançant les cadres de 0^m 60 et les rallongues de 0^m 80 ;

3° En doublant le boisage près des cassures et en approchant les remblais le plus près possible du front de taille (au plus trois havées ou 2^m 40) lorsque le toit n'est pas fissuré.

Veine Vuillemin.

Cette veine, de 1^m 40 d'épaisseur, dont 0^m 20 de terres, et 15° d'inclinaison, a un toit et un mur ordinaires.

Elle est exploitée par tailles montantes *(fig. 1 pl. XXXI)*.

Les ouvriers ayant rencontré un soiement *MN* et l'ayant découvert sur toute la longueur de la taille, le toit s'effondra et les ensevelit. Les victimes avaient pensé qu'en doublant les rallongues la stabilité du toit aurait été assurée, mais la veine ayant 1ᵐ40, les remblais étaient incomplets au centre de la taille et les dames du treuil étaient assez éloignées du front d'abattage (2ᵐ50).

Cet accident, comme les précédents, montre qu'avec une cassure importante, le doublement des étançons ne peut pas toujours suffire.

Il faut rapprocher les remblais des fronts, constituer des dames spéciales pour soutenir la cassure sur la plus grande étendue possible et entailler le front de taille de manière à suppléer, par la présence de piliers de charbons, à l'absence de remblais.

Le doublage par des gros bois suffit cependant assez souvent, sinon à éviter l'effondrement, au moins à permettre aux ouvriers de se sauver. Tel est le cas de la veine Maillard.

Veine Maillard.

La veine Maillard a un toit très bon ; son épaisseur est de 1 mètre, dont 0ᵐ35 de terres, et son inclinaison de 25ᵒ Elle est exploitée par tailles chassantes remblayées complètement. Les meurtials des galeries de herschage étaient montés avec des blocs solides du mur ; mais les remblais formés par les haveries de la veine étaient compressibles.

On rencontra le long d'une galerie de herschage un soiement de 0ᵐ04 à 0ᵐ06 qui coupait verticalement le mur et le toit et était rempli de pholérite.

Le boisage de la galerie fut immédiatement doublé, et au bout de quelques mètres d'avancement on doubla le soutènement de la taille avec de très gros bois. Un peu plus loin, on rencontra une série de petites cassures, puis une faille. Immédiatement le toit commença à craquer et la taille devint pleine.

Grâce au boisage énergique adopté et à la proximité des remblais, les ouvriers eurent largement le temps de se sauver.

Il n'est pas toujours possible d'apercevoir les cassures. Tel est le cas des exemples suivants :

Veine Callon.

La veine Callon a 0ᵐ80 d'épaisseur, dont 0ᵐ15 de terre ; son inclinaison est de 15ᵒ.

Elle est exploitée par tailles chassantes de 15 mètres avec remblais complets. Le toit et le mur sont bons ; les remblais suivent les fronts à 2ᵐ50. On n'apercevait ni tache de pholérite, ni cassure, ni suintement, lorsque les bois, distants de 1 mètre, craquèrent et que la taille devint pleine.

On découvrit après l'accident toute une série de fissures de derrière inclinées vers le ferme que le mineur n'avait pu apercevoir.

Ce genre d'accident doit être attribué à une cause purement fortuite, aucune précaution n'ayant été négligée. C'est un risque inhérent au travail du mineur.

Veine Dinoire.

La veine Dinoire, à bon toit, bon mur, a 0ᵐ90 d'épaisseur, dont 0ᵐ15 de terres, et 30ᵒ d'inclinaison. Elle est exploitée par tailles chassantes de 20 mètres avec remblais complets, suivant à 2 ou 3 mètres les fronts.

On n'apercevait, comme dans la veine précédente, aucun mauvais indice lorsque les bois craquèrent et que la taille s'éboula.

On découvrit après l'effondrement toute une série de piédroits inclinés tangents au ferme que les mineurs n'avaient pu apercevoir.

Cet accident doit donc être attribué à une cause absolument fortuite.

Veine Maurice.

Cette veine, de 1^m 80 d'épaisseur et 35° d'inclinaison, à toit et mur ordinaires, est exploitée par taille chassante.

On abandonne une layette de 0^m 20 de charbon grenu très dur, collant au toit.

L'exploitation a lieu par dépilage et déboisage. On retire systématiquement la quatrième rangée de bois. Les conditions ordinaires étaient réalisées lorsque la taille s'effondra. On vit après l'éboulement que la layette du toit avait masqué le passage de nombreux pieds droits qui ne se prolongeaient pas nettement dans le charbon.

Cet accident doit donc être attribué à une cause purement fortuite.

FRONTS TROP ÉTENDUS

Dispositifs divers.

Lorsque les fronts de plusieurs tailles contiguës ou d'une même taille sont trop étendus, la portée du toit, malgré le rapprochement des remblais ou du vide éboulé, peut devenir trop grande ; aussi plus le toit est médiocre, plus la largeur des fronts doit être restreinte. Avec des mauvais toits, il faut adopter des dispositifs ne permettant jamais aux cassures de porter sur une grande étendue.

C'est ainsi que dans la veine Hutton, à Eppleton, les fronts de taille n'ont que 4^m 57 de largeur, à Haswell 6 à 7 mètres, etc. [1].

Dans les veines Alma, Charlotte, Alfred, etc., on pénètre dans la couche par des havées de manière à recouper les cassures et à les faire supporter par les remblais ou le charbon, sans trop grande portée.

Nous avons donné précédemment les dispositifs concernant les veines Charlotte et n° 1 de l'Escarpelle. Voici ceux de la veine Alma *(fig. 3 pl. XXXI)* et de la veine Alfred *(fig. 4 pl. XXXI)*.

On voit qu'avec ces dispositifs les cassures de derrière et, en général, toutes les fissures tangentes peuvent être beaucoup plus facilement reconnues en temps.

MAUVAIS TOIT

Les toits peuvent être régulièrement ou accidentellement mauvais. Lorsqu'ils sont ordinairement mauvais, il faut provoquer leur chute ou remblayer complètement, tout en restreignant au minimum le développement des fronts en ligne droite.

---

[1]. Pernolet et Aguillon. Rapport de mission en Angleterre. Dunod, éditeur.

Les toits peuvent devenir mauvais accidentellement par suite de l'apparition de faisceaux de cassures. Il faut alors employer de gros bois très rapprochés et des remblais à proximité des fronts si on procède par remblayage, des tailles très courtes avec éboulement du vide dépilé et des piles de vieux bois si on procède par dépilage. On peut ainsi généralement compter que les ouvriers auront le temps de se sauver.

Les exemples suivants le montreront :

Veine Fabre.

Cette veine, de 1ᵐ50 d'épaisseur et 15° d'inclinaison, est exploitée par dépilage.

Son toit étant très friable, on ne peut laisser en arrière des vides non éboulés, même de faible importance, 4 à 6 mètres, sans s'exposer à voir les tailles devenir pleines.

Il faut provoquer, par le déboisage, la chute du toit dès qu'elle tarde à s'effectuer.

Veine Dutreix.

La veine Dutreix, de 1ᵐ10 d'épaisseur, dont 0ᵐ20 de terres, a un toit très friable par place et un mur ordinaire. Son inclinaison est de 60°.

Elle était exploitée par tailles chassantes avec remblais incomplets lorsque de fréquents affaissements obligèrent les exploitants à remblayer complètement.

Il en est de même avec des toits compacts, mais se décollant subitement.

Les hourdages en l'air sont démolis lorsque le toit s'ébranle ; de grands vides non soutenus se produisent et des effondrements en masse en sont la conséquence.

Tel est le cas des veines 1 et 2 de la fosse Saint-Charles, 3 et 6 de la fosse Saint-Félix, etc.

Dès que le toit est mauvais, soit parce qu'il est friable par place, soit parce qu'il se décolle, les voleurs sont dangereux dans les inclinaisons de plus de 25 à 30°.

Avec des plateures, les meurtials des dames ou des hourdages ne tendent pas à être complètement et rapidement culbutés ; les mouvements des épontes sont donc beaucoup moins redoutables.

DÉFAUTS DE BOISAGE

Avec de bons boisages, on peut espérer que la rencontre accidentelle de fissures ne déterminera pas d'effondrements en masse. Il y a donc lieu de veiller à l'absence de tout défaut de boisage. Cette observation aurait évité les accidents suivants :

Veine Chesneau.

Dans la veine Chesneau, une taille s'est éboulée parce que les ouvriers, après avoir découvert un soiement et des pieds droits entrecroisés, n'avaient pas doublé le boisage et avaient, en outre, boisé avec de mauvais bois d'aulne, qui, à la moindre pression, cassèrent.

Il n'y a pas eu seulement défaut de boisage, mais oubli de presque toutes les précautions.

Veine Mulié.

Les mineurs manquant, des herscheurs furent occupés à l'abattage dans un dressant. Ils ne boisèrent pas bout à bout, laissèrent les remblais suivre à 6 mètres les fronts et finalement provoquèrent ainsi un éboulement général qui les ensevelit.

Les surveillants sont directement et gravement responsables. Ils n'auraient pas dû envoyer des herscheurs en dressant et les laisser sans guide.

Dans ce cas, les herscheurs doivent commencer à servir d'aide pendant plusieurs mois au moins.

Veine Habets.

Le défaut d'un boisage solide a été la cause de la mort de deux hommes dans la veine Habets *(fig. 2 pl. XXXI)*. Cette veine, d'une épaisseur de $1^m 20$ et d'une inclinaison de 35°, est exploitée par tailles montantes de 15 mètres. Son toit, excessivement mauvais, laisse suinter l'eau par de nombreux soiements. L'aile droite de la taille est prise en avant de l'aile gauche, de manière que les cassures $K\,O$ reposent à de faibles distances sur les remblais et le ferme.

D'autre part, l'aile la plus avancée est remblayée complètement avec les terres de la veine.

Les ouvriers de l'aile droite avaient placé une rallonge $A\,E$, soutenue par trois bois *(a, b, c)* Les remblais complets étaient distants de 2 mètres des fronts.

Tout à coup, les bois cédèrent et le toit s'éboula en ensevelissant les deux ouvriers.

Le boisage se composait d'une seule ligne de rallonge pour 2 mètres de portée avec trois bois ordinaires.

Les surveillants avaient ici pris toutes les précautions possibles, tandis que les ouvriers étaient notoirement imprudents, avec un aussi mauvais toit, de ne placer qu'une seule ligne de rallonge. Ils auraient dû au moins placer deux rallonges de plus et quatre gros bois par rallongue, les soiements et les pieds droits s'entrecroisant en faisceaux réticulés.

Avec des cassures nombreuses comme dans les cas précédents, les boisages les plus solides sont souvent impuissants, mais ils permettent du moins à l'ouvrier de se retirer en temps.

Dans tous les cas, lorsqu'une rallongue commence à fléchir, on doit immédiatement la consolider.

Une taille est devenue pleine dans la veine Mortier par suite de ce manque de précautions.

Un autre accident est survenu dans la veine Lucie parce que les ouvriers n'avaient pas posé immédiatement des tintiats provisoires.

Nous décrirons comme exemples détaillés les accidents survenus dans les veines Glépin, Guibal, Martinenche, Trasenster, etc.

Veine Glépin.

Cette veine, en plateure, de $1^m 40$ d'épaisseur, à toit mauvais et mur ordinaire, est exploitée par tailles chassantes avec remblais incomplets.

Le déhouillement de la taille où s'est produit l'accident était effectué avec 4 mètres de remblais en haut de la taille et des dames disposées tous les 15 mètres.

La longueur de la taille était de 10 mètres, remblais supérieurs compris.

Les lignes de rallongues, soutenues par trois gros bois, étaient distantes de 1 mètre. Ces dispositions furent insuffisantes, la taille et la galerie inférieure s'éboulèrent. Un ouvrier fut tué.

La dernière dame était éloignée de 4 mètres.

Cet accident doit être attribué aux remblais incomplets et au boisage insuffisant.

Veine Guibal.

Cette veine, de $1^m 20$ tout charbon et de 18 à 20° d'inclinaison, est exploitée par tailles chassantes. Son toit et son mur sont ordinairement bons *(fig. 5 pl. XXXI)*.

Quatre mineurs avaient rencontré dans une taille un pied droit et un soiement, l'un dirigé perpendiculairement à la direction de la voie *(x y)* et l'autre parallèle à la direction de la galerie de roulage *(U V)*.

De nombreuses taches de pholérite et une venue d'eau assez importante accompagnaient le soiement $U V$. Les ouvriers auraient donc dû redoubler de prudence et boiser plus solidement leur taille ; mais ils ne prirent pas cette précaution et continuèrent leur travail en boisant, comme ils le faisaient ordinairement.

D'autre part, le mur de la couche étant devenu un peu friable, les bois soutenant les rallongues n'avaient pu être posés sur le mur dur, l'épaisseur du faux-mur étant assez considérable.

Peu à peu, les bois s'enfoncèrent dans le faux-mur et glissèrent sur le dur mur. La taille devint pleine en ensevelissant trois ouvriers.

Cet accident est dû à l'imprudence des victimes qui, avec de pareilles cassures, auraient dû prendre des mesures énergiques de consolidation.

Veine Martinenche.

Cette veine, de $0^m 90$ d'épaisseur, a un toit et un mur ordinaires. Elle est exploitée par tailles montantes.

La voie de fond avait suivi un soiement sur une longueur d'environ 90 mètres.

Cinq tailles montantes l'avaient traversé avec un boisage consolidé dans le voisinage, lorsque la sixième taille le traversa, malgré l'emploi des mêmes précautions ; toutes les tailles s'éboulèrent dans le voisinage du soiement.

Ce soiement très net se poursuivit dans les veines Marie et César, situées, l'une au-dessous, l'autre au-dessus.

Grâce aux bois rapprochés, les ouvriers eurent le temps de se sauver.

Veine Trasenster.

Cette veine, de $0^m 70$ d'épaisseur, a un toit et un mur ordinaires. Son inclinaison est très forte, plus de 70°. Tous les 15 à 20 mètres, on rencontre une fissure à lèvres ouvertes. Malgré un boisage doublé en ces points, les tailles s'éboulent encore assez souvent.

Parfois, l'on voit des cailloux énormes cassés sur une longueur de 20 mètres et décollés sur toute la relevée de la taille (15 à 18 mètres).

On n'est parvenu à restreindre les effondrements qu'en diminuant la relevée des tailles, 10 mètres au lieu de 15 à 18 mètres, et en remblayant aussi complètement que possible près des cassures.

Quand les fissures apparaissent et que les remblais sont en retard, on monte immédiatement une dame de 7 à 8 mètres de largeur aussi près que possible des fronts et on fractionne l'avancement de la taille en gradins, de manière que les blocs délimités par les fissures reposent sur du charbon en place ou sur des remblais.

CHUTES PARTIELLES DU TOIT DES TAILLES

Les chutes partielles de masses isolées par des cassures sont très nombreuses. Il n'est pas nécessaire que plusieurs cassures bien nettes se rencontrent pour provoquer la chute d'un bloc. Une seule cassure bien nette peut suffire.

Il faudra donc se hâter de consolider le boisage et de rapprocher les remblais dès qu'on apercevra une fissure. Si au lieu d'une cassure on en observe deux, les précautions devront être plus grandes encore.

Toutes les cassures, d'ailleurs, ne sont pas faciles à distinguer ; les pieds droits, par exemple, ne sont pas toujours bien visibles ; les cassures à lèvres ouvertes seules sont bien nettes. On pourra en constater facilement la présence, soit en observant le toit, soit en inspectant le prolongement des noirs limets. Chaque noir limet, en effet, se prolonge dans les épontes par une cassure ouverte. Le mineur est donc averti de ces cassures lorsqu'elles plongent vers la taille ; lorsqu'elles plongent en arrière, elles ne peuvent être observées que dans les tailles ou les galeries plus avancées.

Le devoir des surveillants est alors d'informer les mineurs du passage des cassures.

Dans les galeries en recherche seulement, leur présence ne peut être indiquée ; mais ces galeries ayant le ferme des deux côtés, les cassures sont beaucoup moins à craindre si on n'exagère pas les dimensions du traçage. D'autre part, ces traçages servant à creuser les voies principales qui doivent durer longtemps, il importe, pour leur soutènement, que les remblais soient aussi complets que possible.

Lorsque le toit est nettement découvert, on peut, par l'observation attentive, reconnaître la présence des joints ; mais lorsqu'une layette de charbon est adhérente au toit, elle le masque très souvent.

Les taches de pholérite et les suintements méritent aussi d'attirer toute l'attention des mineurs.

Ce sont des indices certains de l'approche d'accidents ou de la présence de cassures dans les bancs supérieurs, se terminant en fissures peu apparentes dans le toit.

Nous diviserons les chutes partielles du toit occasionnées par les fissures en trois catégories :

    1° Défaut de boisage, par suite de manque de prudence du personnel ;

    2° Fissures non observées, c'est-à-dire causes très souvent fortuites, ou risques professionnels ;

    3° Divers.

1° DÉFAUT DE BOISAGE

Veine Garreau.

Cette veine a une épaisseur de 0ᵐ 90, une inclinaison presque nulle et un toit friable.

Le matin, en arrivant à la taille, les ouvriers avaient remarqué que le toit avait pesé au front. Cependant, un bois gênant pour le havage, l'un d'eux ne craignit pas de l'enlever sans prendre aucune précaution. Quand il eut retiré le bois, il se remit au travail ; mais, à peine commençait-il à l'effectuer que la rallonge, non soutenue à cette extrémité, cassa.

Le toit tomba aussitôt sur l'ouvrier, qui eut la poitrine enfoncée.

La cause de cet accident est notoirement dû à l'imprudence des ouvriers, qui auraient dû consolider leur front de taille avant de commencer à travailler et n'enlever l'un d'eux qu'en le remplaçant de chaque côté.

Veine Alayrac.

Dans la partie du gîte où a eu lieu l'accident, la veine a une épaisseur de 1ᵐ 20 à 1ᵐ 40 avec bon toit, bon mur et une inclinaison de 5 à 6°.

La *fig. 1 pl. XXXII* permet de voir la méthode d'exploitation suivie. Tous les 10 mètres, on s'élève avec une voie montante en prenant une aile de 3 mètres, plus la voie, soit environ 5 mètres. Les piliers restants sont ensuite pris en descendant. C'est pendant l'enlèvement d'un de ces piliers que l'accident s'est produit.

Deux ouvriers étaient occupés en *A B*. Les rallonges de 2ᵐ 50 étaient distantes, la première de 0ᵐ30 de la voie, la deuxième de 0ᵐ 80 de la première, la troisième et la quatrième espacées de 1 mètre. Les trois premières rallonges étaient soutenues par deux bois et leur extrémité inférieure était potelée dans la veine pour faciliter l'approchage des charbons.

Dès que l'abattage du massif contigu fut effectué, la quatrième rallonge fut brisée et la taille entière s'éboula. Une cassure au droit du massif *M N* avait favorisé la rupture de la rallonge et l'éboulement général.

Cet accident est dû à un défaut de consolidation de la rallongue voisine des anciens dépilages.

Même sans trace de cassures apparentes *M N*, on doit assurer énergiquement le soutènement de cette partie de taille qui est soumise aux effets de la tendance à la rupture au droit du massif ; à *fortiori*, avec une fissure apparente, on aurait dû immédiatement augmenter le nombre d'étançons qui soutenaient la quatrième rallongue et les trois premières.

Veine Valla.

Des étançons d'amont-pendage *M* d'une galerie en dressant étant fendus au pied, un raccommodeur et son aide voulurent les consolider au moyen d'un longeon *A* maintenu par un étançon *M'*.

Pendant qu'ils effectuaient cette opération, les bois cédèrent et les remblais atteignirent les deux ouvriers, qui furent assez gravement blessés. (*Fig. 2 p. XXXII*). Cet accident est dû au risque professionnel de ce genre de travaux.

Veine Piffaut

Cette veine, d'une épaisseur de 1^m 40 à 1^m 50 et de 35° d'inclinaison, est exploitée par tailles chassantes.

Le toit étant assez bon, chaque rallongue est placée dès que la havée est terminée.

Pendant la pose de l'une de ces rallongues, l'étançon étant trop long, le mineur tenta inutilement de mettre le bois en serrage en le heurtant violemment.

Il fallut y renoncer. Au lieu de laisser le bois coincé en place en attendant son remplacement, le mineur voulut le retirer. Malheureusement, les chocs avaient ébranlé le toit ; aussi, dès que l'étançon fut retiré, un bloc de 3 mètres de longueur sur 1 mètre de largeur et 0^m 90 de hauteur se détacha et tua l'ouvrier.

Dans ce cas, certains mineurs emploient un clou pour maintenir provisoirement le bois pendant qu'un autre étançon, de longueur plus exacte, est préparé. Très souvent les mineurs opèrent comme la victime.

Cet accident doit donc plutôt être attribué au risque professionnel.

Toutefois, il vaut mieux, dans un pareil cas, laisser le bois en place, parce qu'il peut contribuer au soutènement provisoire en attendant qu'un autre soit prêt à le remplacer.

2° FISSURES

Veine Lapierre.

La *fig. 1 pl. XXXIII* représente un accident dû à la chute d'un banc du toit.

Ordinairement, de simples étançons suffisaient à maintenir le toit, généralement très solide. Toutefois, on disposait quand même, de distance en distance, des piliers de vieux bois. Deux cassures $A B$, $C E$ ayant recoupé le toit, la masse $A B C E$ se détacha en culbutant les étançons. Un ouvrier occupé à l'abattage fut tué au moment où le craquement des bois le faisait fuir.

Cet accident est dû à l'imprudence de l'ouvrier, qui n'aurait pas dû laisser 1^m 20 sans boiser avec deux cassures visibles. Des rallongues auraient dû être employées avec des bois rapprochés ou un deuxième pilier de vieux bois sous la masse fissurée.

Veine Lebreton.

La veine Lebreton, de 0^m 70 d'épaisseur, est exploitée par tailles chassantes. Son toit et son mur sont ordinaires. Quatre ouvriers travaillaient dans une taille de 10 mètres lorsqu'ils rencontrèrent une faille. Le boisage était effectué par des rallongues de 2^m 50, soutenues avec trois étançons. Il ne fut pas consolidé malgré la présence de la faille ; aussi un bloc en forme de pyramide triangulaire, mesurant en plan 2ᵐ 50 de longueur sur 1ᵐ 10 de largeur et 0ᵐ 50 d'épaisseur, se détacha subitement et détermina l'éboulement de la taille.

Les craquements des bois permirent à trois ouvriers de se retirer ; le quatrième, embarrassé dans les bois en se sauvant, fut écrasé.

Cet accident est dû au manque de précautions prises.

On aurait dû :

1° Ne pas exploiter le long de la faille ;

2° Consolider le boisage, surtout dans la région la plus fissurée.

Veine Dadre.

Cette veine, de 0ᵐ50 d'épaisseur, a bon toit, bon mur et une inclinaison de 10°.

Elle est exploitée par tailles chassantes.

Quatre ouvriers étaient chargés de l'avancement de l'une de ces tailles. Ils occupaient les positions indiquées par les lettres A', B', C', D' quand tout à coup une partie du toit $F G$ s'effondra en renversant le boisage de la taille et deux cadres de la voie de fond. L'ouvrier qui se trouvait au point B' ne put se retirer à temps, il eut la partie supérieure du corps entièrement écrasée.

Il fallut environ une heure de travail pour le débarrasser. Le bloc qui s'était détaché pesait environ 8 à 9,000 kilos. Il était découpé du côté des fronts par une cassure qui lui donnait une forme arrondie à surface lisse et humide, avec des taches de pholérite.

Le boisage était établi comme d'ordinaire.

Dans la havée où s'est produit l'éboulement, il se composait de deux rallonges soutenues par trois bois, comme l'indique la *fig. 2 pl. XXXIII.* Le boisage de la voie était également régulier.

Dans les débris, on a retrouvé une rallonge et quelques bois de taille qui n'étaient pas cassés.

L'ouvrier qui travaillait en A avait pu se retirer en temps en entendant les craquements des bois, comme la victime cherchait d'ailleurs à le faire. Il déclare qu'il n'avait pas vu de cassures dans le toit.

Or, le bloc était entouré de pholérite blanchâtre, donc très facile à apercevoir.

Il faut, par suite, que la cassure ait déterminé l'éboulement avant d'être découverte. On comprend que quand il ne reste qu'une petite partie $O O'$ soutenant un gros bloc, celle-ci puisse être facilement écrasée.

Cet accident doit donc être attribué à une cause absolument fortuite.

Veine Schwich.

Cette veine, de 1ᵐ 50 d'épaisseur et d'une inclinaison de 15°, a un toit très mauvais. Un ouvrier avait potelé une rallonge dans la veine et l'avait soutenue par trois bois au lieu de quatre. Le quatrième devait être placé dans la suite le long de la coupure, près du bout potelé dans la veine. Pendant que le mineur continuait l'abattage, la rallonge, à laquelle il manquait un bois, partit de son potia et cassa sur la tête du bois le plus proche. Le toit s'ébaula et l'ouvrier fut écrasé par ses débris.

La cause de cet accident est due à la négligence de l'ouvrier. Avec un toit très mauvais, la pose du quatrième étançon s'imposait, quelle que soit la gêne qu'il entraîna pour l'abattage et l'approchage.

CONCLUSIONS GÉNÉRALES

En général, dans les veines à mauvais toit comme dans les veines à bon toit ou à toit ordinaire, les effondrements ne peuvent être évités qu'en proportionnant le soutènement et la portée des bancs à leur résistance.

Dans les veines à bon toit, quelques dizaines de mètres sont souvent sans inconvénient. Toutefois, puisqu'il faut tôt ou tard provoquer l'éboulement naturel par l'effondrement du toit, il vaut mieux provoquer cet effondrement régulièrement et assez tôt près des fronts.

Des cassures pouvant rendre les toits les plus solides sans grande résistance, on a donc avec de faibles portées plus de chance que le soutènement ordinaire résistera.

Le déboisage, en imposant la présence de plus de bois dans les fronts de taille ; et, la chute systématique du toit en arrière à une faible distance, augmente à cet égard très notablement la sécurité.

Nous venons de voir que dans la veine Albrack, à très mauvais toit, on déboise de manière à diminuer le poids des terrains qui surplombent. Il en est de même dans la veine Hutton (Eppleton).

Avec le déboisage, dans les mauvais toits, on peut en effet, éviter les éboulements de taille que des remblais partiels n'éviteraient pas. Il est évident qu'avec des remblais très complets et incompressibles, très rapprochés des fronts, les travaux seraient placés dans les meilleures conditions pour éviter les effondrements.

Mais ces remblais dans les veines qui ne les fournissent pas naturellement sont tellement coûteux qu'on doit en éviter l'emploi autant que possible.

Tel est le cas des veines Rateau et Bizet.

La veine Rateau, de 0^m80 d'épaisseur, est surmontée par 10 centimètres de faux-toit, 40 centimètres de toit ordinaire et 20 centimètres d'escaillage. Son inclinaison étant de 15° et sa dureté considérable, elle est exploitée par tailles montantes de 20 mètres, afin de permettre à la poussée du toit de faciliter l'abattage. Les meurtiats sont disposés sur les deux parois du plan incliné et le remblayage est effectué assez complètement.

Cependant, malgré un boisage énergique, la taille s'effondre assez souvent en masse. Pour éviter ces effondrements, on a dû déboiser la quatrième rallongue dès que les trois premières étaient posées.

Les queues doivent dépasser les rallongues de 0^m10 au moins et être assez fortement serrées au toit, de manière que le retrait éprouvé par leur courbure ne les fasse pas échapper.

Lorsqu'un ouvrier place un bois sous une rallongue, il arrive assez souvent qu'il est trop long et qu'il est obligé de l'enlever. Le choc que le toit a subi pendant le serrage des bois a diminué la solidité du toit. Il est prudent de ne pas enlever un bois après serrage sans le remplacer par un montant provisoire.

Lorsqu'on remplace des bois ou des cadres en les doublant, on doit immédiatement poser des queues au-dessus, etc.

Les étançons doivent faire un léger angle au-dessus de la normale.

Chaque degré d'inclinaison de la couche avec un toit et un mur ordinaires correspond, en effet, à un degré d'inclinaison des bois en amont de la normale.

D'autre part, avec des murs tendres, il y a lieu, parfois, de disposer les étançons en sens contraire. Le premier mouvement en faisant céder le potia place ensuite le bois au-dessus de la normale.

On comprend, dès lors, combien il faut être circonspect dans les appréciations de négligence du personnel pour charriage de bois dans les tailles, et, en général, pour tous les accidents. Le mineur ne veut évidemment pas se faire tuer et les Compagnies ont tout intérêt à éviter les accidents.

Les fissures des épontes jouent un rôle très important. Les fronts de taille étant parallèles aux principaux clivages, les fissures principales sont aussi assez fréquemment parallèles à ces fronts de taille. Il en résulte que les épontes sont découpées le long des massifs à abattre et que par suite les dalles qui surplombent ont toute la portée des fronts.

C'est évidemment une mauvaise condition de résistance des bancs. Il vaudrait mieux que les parties du toit découpées reposent sur les remblais ou le charbon en place sans trop grande portée.

Dans ce but, on fractionne les tailles, on les dispose en redans, etc. *(Voir plus haut veine Charlotte et veine n° 1 de l'Escarpelle.)*

Avec des toits ordinaires, ces dispositifs peuvent être évités. En revanche, lorsqu'on s'aperçoit de la présence de cassures, on doit immédiatement consolider le soutènement. Malheureusement, on ne peut pas toujours voir les fissures assez longtemps à l'avance, surtout quand ce sont des cassures de derrière.

Il y a donc lieu, pour les surveillants qui peuvent les voir dans les tailles voisines, de les signaler aux ouvriers.

La présence de cassures très nettes, c'est-à-dire de soiements, n'est pas toujours nécessaire pour produire des éboulements. Quand la portée est assez grande, le banc qui forme le plafond est soumis à des poussées importantes et il tend à se casser suivant la moindre fissure, aussi un joint à lèvres fermées peut suffire pour déterminer l'effondrement.

Toutefois, les éboulements sont alors plutôt partiels.

Les bons toits avec fissures doivent donc être considérés comme mauvais.

L'étendue du front de taille doit être restreinte ou son avancement fractionné ; enfin le boisage doit être renforcé et les vides importants évités.

Des mineurs dépend la pose des bois assez rapprochés, des surveillants la disposition générale.

Toutefois, lorsque la pose des bois supplémentaires n'est pas rémunérée, les mineurs cherchent souvent à éviter leur pose pour maintenir ou élever leur salaire.

Leur intérêt pécuniaire est contraire à leur sécurité et fait trop souvent pencher la balance.

Il importe d'éviter de placer les ouvriers dans cette pénible alternative de sécurité risquée ou de salaire restreint.

MOUVEMENTS DU MUR

Avec le manque de remblais, les orages peuvent venir du mur comme du toit, quelquefois des deux à la fois. Les mouvements en masse du mur (sudden-oustburts) sont nombreux dans le Yorkshire.

A un moment donné, le mur se soulève sur une grande étendue en se rompant suivant une ligne de fracture plus ou moins nette, parallèle aux fronts de taille, qui se ramifie fréquemment le long des galeries.

Le mouvement est précédé de craquements caractéristiques accompagnés de bruits très violents comme quand le toit donne. Les mineurs en profitent pour s'enfuir le plus vite possible.

Dans les veines à orages sans remblais du bassin du Nord, on choisissait autrefois des mineurs jeunes et agiles, auxquels on donnait un prix plus élevé de la berline. L'exhaussement du mur est très variable: il est quelquefois à peu près nul, d'autres fois très important.

Nous citerons comme exemples les mouvements survenus dans les veines Déprez et Thorncliffe à Silkestone.

Veine Déprez.

Cette veine, faiblement inclinée, a $1^m 80$ à 2 mètres d'ouverture ; elle possède, à $0^m 50$ du mur, une passée ou voisin de $0^m 30$ à $0^m 60$. Lorsque les vides non éboulés sont considérables, la pression du toit et des piliers sur le mur le font boursouffler en masse. Avec le système d'abattage en baïonnette (décrit dans notre *Cours d'exploitation*, page 93, abattage), les éboulements suivent de près les chantiers ; aussi on évite le boursoufflement en masse du mur dans les tailles.

Dans les galeries de traçage, il faut, en outre, enlever le faux-mur.

A Thorncliffe, une fracture de 60 mètres de longueur se produisit le long d'une longue taille chassante menée en escalier et incomplètement remblayée.

Le manque de remblais et d'éboulements régulièrement systématiques est la cause de presque tous ces mouvements. Sans vides remblayés ou éboulés, avec des murs très raides, un déhouillement complet détermine inévitablement sur le mur la production d'efforts irréguliers, dont l'effet, avec des passées ou des bancs friables voisins, doit être fatalement d'amener des cassures le long du front de taille. Ces cassures sont d'autant plus brusques et d'autant plus importantes que, d'une part, les murs seront plus raides et que, d'autre part, l'éboulement du toit s'effectuera plus irrégulièrement.

Ainsi, la couche Silkestone, la plus sujette du Yorkshire à ces accidents, a un mur extrêmement raide de 6 mètres d'épaisseur, au-dessous duquel on rencontre des couches tendres charbonneuses et très grisouteuses. On a constaté que le grisou jouait un certain rôle. Ainsi, à Stafford-Main, un sondage ayant décelé dans les couches subordonnées une pression de 7 kilos par centimètre, on supprima les mouvements du mur en drainant le grisou par des sondages ou des tranchées.

Tel est le cas constaté notamment à Wigan-Coal, etc... [1]

ACCIDENTS DANS LES GALERIES

Les accidents survenus dans les galeries sont moins nombreux que les accidents survenus dans les tailles, parce que les ouvriers y séjournent moins longtemps et que les galeries devant durer, leur soutènement est généralement bien mieux exécuté.

Les accidents dans les galeries peuvent être dus à des défauts de boisage, à des mouvements du toit se propageant jusqu'aux galeries, à la présence de fissures, à l'absence de remblais ou à la présence de trop grands vides voisins, enfin à des causes diverses, etc.. etc.

[1] Les renseignements concernant les houillères anglaises sont de nouveau extraits du rapport de mission de MM. Pernolet et Aguillon en Angleterre. Dunod, éditeur.

DÉFAUT DE BOISAGE

Un éboulement est survenu dans la veine Symphorien par suite de la mauvaise qualité des bois en sapin.

La veine était épaisse : 2 mètres ; la pente forte : 60°.

Malgré le toit assez lourd, on consolidait cependant avec des cadres d'assez faible équarrissage, aussi un éboulement de 15 mètres en résulta.

Un herscheur fut enseveli et écrasé.

Veine Desailly.

Cet accident est survenu par suite du retard de la pose du cadre *E D F* (*fig. 1 pl. XXXIV*).

Ce cadre aurait dû être posé immédiatement à une faible distance du cadre précédent, la cassure *B E M* étant très visible et laissant suinter de l'eau, ainsi que la cassure *C D*.

Il y a eu imprudence notoire du personnel.

Veine Kruger.

Un ouvrier creusait une galerie de herschage dans la veine Kruger (*fig. 2 pl. XXXIV*).

Il déblayait des terres au-dessous d'un bloc de rocher *A* isolé par deux cassures *B* et *G*.

N'ayant pas mis de pilots pour maintenir le bloc et ayant déblayé jusqu'au pied, celui-ci n'ayant plus d'appui, se décolla et l'écrasa.

Cet accident est dû à l'imprudence de l'ouvrier, la présence des cassures ayant été révélée par le son du pic.

Veine Villiers.

Une voie de herschage de la veine Villiers était en très mauvais état.

Les poussées des parois faisaient cintrer les cadres dans la galerie et gênaient beaucoup la circulation des berlines.

Un surveillant chargea un raccommodeur de la réfection de cette partie de la galerie. Celui-ci voulut entailler un peu les bois pour ne pas arrêter la circulation.

A peine avait-il donné quelques coups de hache qu'un craquement se fit entendre. Le bois, affaibli, venait de se rompre sous les poussées des parois en entraînant dans sa chute le cadre et les bancs du toit.

Le raccommodeur fut assez grièvement blessé.

Ces cadres gênaient depuis plusieurs jours le roulage ; ils auraient dû être remplacés depuis quelque temps pendant la coupe à terre.

La responsabilité de cet accident incombe donc au personnel, aussi bien au surveillant qu'au raccommodeur.

Veine Delineau.

Dans une bowette, un ouvrier devait enlever un vieux boisage pour permettre de maçonner. Il se dispensa de placer une chandelle sous le chapeau pendant qu'il attaquait à coups de hache le montant.

La chute du cadre en résulta, ainsi que celle du toit et la mort de l'ouvrier.

Veine Pillez.

Dans cette veine, de 1ᵐ 20 d'épaisseur, les ouvriers rencontrèrent un relevage perpendiculaire à une faille déjà traversée.

Avant d'atteindre la petite faille qui formait le relevage, on rencontra un grand nombre de soiements.

En remblayant complètement et en doublant les bois, on put traverser cette région ; mais des cassures, parallèles à l'axe de la galerie supérieure, écrasèrent le boisage et déterminèrent un éboulement sur 10 mètres de longueur.

Un accident analogue s'est produit dans la veine Lebret.

Une voie de fond rencontra le mur d'une faille et le suivit sur 4 mètres de longueur. Lorsque cette distance fut atteinte, le toit força et le soutènement fut écrasé sur 5 mètres de longueur.

On dut charger 40 berlines de terre avant de commencer la réparation de l'éboulement.

Avec des cintres en fer, on peut éviter assez souvent cette dislocation ; c'est ce qui est arrivé dans plusieurs cas analogues à la fosse Renard.

Avec des terrains très fissurés et surtout des failles nettes avec remplissage, cet emploi de fer s'impose souvent.

Veine Chancourtois.

La galerie était traversée à l'endroit où s'est produit l'accident par un relai du toit de 0ᵐ80 d'épaisseur.

Son boisage, effectué par les ouvriers de la taille inférieure, n'avait pas été doublé, comme on le fait généralement dans le cas de relais.

Les ouvriers de la taille supérieure n'avaient pas non plus tenu compte d'une fissure voisine.

Un jour, un ouvrier coupant des bois dans cette partie de galerie, un énorme bloc se détacha, démolit le boisage et l'écrasa.

Cet accident est dû à l'imprudence du personnel et au défaut de surveillance.

Veine Baily.

Un maçon et un aide étaient occupés dans la voie de fond de cette veine, inclinée de 50°, lorsqu'un éboulement des remblais les ensevelit.

Les remblais étant enlevés, on ne constata aucune trace de mouvement des épontes. Le mur, très dur, était formé par un lit de clayats, dans lequel on ne pouvait percer les potias qu'au fleuret.

Les étançons s'étaient cassés à leur base, les potias n'ayant que $0^m 02$ à $0^m 03$ de profondeur.

Cet accident ne se serait pas produit si les potias avaient été creusés plus profondément ; il doit donc être attribué à la négligence des ouvriers.

TAILLES ET GALERIES PLEINES

Veine Legentil.

La veine Legentil affecte une structure en chapelet avec de puissants renflements de 20 à 30 mètres d'épaisseur. Elle est exploitée par tranches superposées horizontales remblayées de 2 mètres (*fig. 3 pl. XXXIV*).

Pendant le dépouillement de la troisième tranche dans un renflement de 20 mètres, les galeries et la taille furent subitement écrasées par l'affaissement du charbon qui surplombait.

Le boisage était effectué ordinairement avec des semelles ; mais lorsque les ouvriers découvraient des cadres de la tranche inférieure, ils s'en servaient comme semelles.

C'est ce qu'ils avaient fait dans ce cas.

On ne peut attribuer cet accident qu'à cette mesure. Les cadres inférieurs servant de semelles ayant cédé, tout le boisage a été disloqué.

Veine Farcy.

Dans une voie à chevaux de la veine Farcy, on avait employé des bois de sapin qui ne tardèrent pas à se détériorer et à céder sous la pression assez forte du toit.

On fut obligé de placer des étançons au milieu des cadres pour diminuer la portée des chapeaux, mais cette mesure fut insuffisante.

Pendant qu'on effectuait cette consolidation du soutènement, les poussées grandirent et la galerie s'effondra sur 30 mètres de longueur.

Les bois de sapin ne doivent pas être employés dans une galerie de longue durée.

Veine Harmégnies.

Une voie de fond de traçage avait pour retour d'air un châssis supérieur soutenu par des bois minces, les couloirs devant être employés.

Sur ce châssis, on commença un montage de 7 à 8 mètres de front remblayé à son centre.

La veine était inclinée de 45°.

Les bois d'amont-pendage recevaient, par suite, des poussées assez importantes des remblais.

Il aurait donc fallu que le boisage fût effectué à entailles, tandis qu'il ne l'était qu'à gorge de loup.

Trois ouvriers étaient occupés à manger leur déjeuner dans le châssis lorsque les bois cédèrent. Les remblais envahirent la galerie et blessèrent l'un des ouvriers.

Cet accident doit être attribué à l'inexpérience et à l'imprudence du personnel.

Veine Grey.

Dans la galerie supérieure du traçage de la veine Grey, un mouvement du toit avait fait fléchir quelques cadres. .

Aucune consolidation n'ayant été effectuée et l'exploitation se développant à côté, un second éboulement brisa les cadres sur une longueur de 20 mètres.

Cet accident est dû à l'imprudence des porions, les cadres auraient dû être doublés et calés contre le toit avant d'exploiter les tailles voisines.

Veine Pluyette.

Un ouvrier rauchait une galerie et il avait placé trois chapeaux sans bois d'aval-pendage lorsque le toit s'éboula et le blessa.

On ne doit jamais retarder une mesure de soutènement ; puisqu'elle coûte autant après, il vaut mieux l'exécuter immédiatement.

Veine Lafont.

Dans la veine Lafont, les ouvriers avaient négligé de caler les chapeaux contre le toit, irrégulièrement découpé, aussi un bloc de $0^m 40$ d'épaisseur sur 1 mètre de largeur, s'étant détaché, brisa deux cadres.

Cet éboulement aurait été évité par le calage.

Il y a négligence du personnel.

Veine Soubeiran.

Un herscheur a été tué par un éboulement en roulant sa berline.

Le toit de la veine est formé :

1° Par un banc de $0^m 80$ d'épaisseur très friable ;

2° Par un toit solide.

Quand le premier banc est assez solide, on emploie le boisage de la *fig. 4 pl. XXXIV.*

Quand il est trop friable, on le fait tomber entièrement ; le boisage est alors effectué avec de simples étançons *(fig. 5 pl. XXXIV).*

Les surveillants avaient jugé le toit assez solide ; ils avaient adopté le boisage de la *fig.* 4 et laissé placer les cadres à 1 mètre de distance.

L'éboulement est donc dû à un défaut de boisage.

FISSURES

Ce sont les fissures qui occasionnent le plus grand nombre d'accidents.

On comprend qu'on puisse rencontrer des cloches aussi bien dans les galeries que dans les tailles.

En général, dans les galeries, les bois étant plus rapprochés, les chutes de cloches sont beaucoup moins à craindre.

On rencontre cependant des cloches de très grandes dimensions qui brisent des cadres rapprochés. Tel est le cas de la veine Bailleux, etc. Les pieds droits et surtout les soiements sont plus redoutables.

Veine Duporcq.

Le bloc de charbon C, isolé par le cran $R S$ et un soiement $O P$, écrasa la septième voie de la veine Duporcq. Le boisage avait été consolidé, mais pas suffisamment (*fig. 6 pl. XXXIV*).

L'encastrement des bois dans le mur failleux laissait beaucoup à désirer.

On n'aurait pas dû poteler les étançons dans un mur failleux sans assez grande consistance.

Veine Mathieu.

Deux ouvriers étaient occupés à l'agrandissement d'une voie de fond.

Ils plaçaient un cadre lorsqu'un énorme bloc se détacha, suivant les plans de stratification et un pied droit.

La voie de fond était ancienne, par suite, ses cassures avaient été agrandies.

Il était cependant impossible de voir la cassure de derrière qui a occasionné l'accident et le son ne donnait aucune indication, le bloc isolé étant très épais.

Cet accident doit donc être attribué à une cause fortuite.

Veine Murgue.

Trois mineurs étaient occupés au creusement de la galerie de fond de la veine Murgue, d'une inclinaison de 50°.

Il s'agissait de remplacer le boisage indiqué en pointillé et d'enlever le mur sur lequel il s'appuyait, puis de placer le montant P, arc-bouté par le poussard D. Pendant qu'on posait le bois P, un des ouvriers dut entailler un peu la paroi pour le placer. Le choc du pic ébranla le bloc G, qui se détacha et le tua (*fig. 7 pl. XXXIV*).

La chute du bloc est due à la rencontre des cassures $o\,b$, $x\,y$ et des plans de stratification. L'accident doit être attribué à une cause fortuite.

Veine Marsaut.

La veine Marsaut a généralement un toit très bon ; mais dans une de ses galeries, une cassure, large de quelques centimètres, recoupait le toit et le mur et était remplie de pholérite. Cette cassure, presque verticale, suivait la direction de la galerie et elle était plus large au toit qu'au mur. On s'était bien aperçu de sa présence et on plaçait en conséquence un gros cadre tous les $0^m 50$; cependant, malgré ce dispositif, un éboulement se produisit : la voie devint pleine sur 15 mètres de longueur, sans qu'on eût à déplorer aucun accident. Les bois, par leur craquement, avertirent les mineurs du danger qu'ils couraient, et leur résistance fut suffisante pour leur permettre de se retirer à temps.

DRESSANTS

C'est surtout dans les dressants que les moindres fissures sont à craindre.

Veine Grand'Eury.

Dans une taille de la veine Grand'Eury, dressant à bon toit et bon mur, un ouvrier était occupé à l'avancement de la voie inférieure.

Dans le voisinage du front, le boisage de la voie était fait comme l'indiquent les *fig. 1 et 2 pl. XXXV.*

Les billes $C C'$ (*fig 1 pl. XXXV*) étaient potelées dans le mur et dans le toit sans aucun bois ; la bille D était maintenue par deux bois B et V (*fig. 2 pl. XXXV*).

Ces billes étaient en partie garnies de queues sur lesquelles on avait placé quelques rangées de cailloux.

La bille D supportait un petit cadre qui avait pour but de maintenir en place le faux-toit.

Le cadre $B D V$ avait été placé depuis une dizaine de jours.

Une cassure $O O'$ ayant été rencontrée, les mineurs voulurent consolider leurs cadres en plaçant des poussards. Ils avaient, en outre, placé des étançons M au milieu des chapeaux et ils s'apprêtaient à organiser de la même manière les derniers cadres lorsqu'un éboulement se produisit, entraînant la chute des cadres et des chapeaux. Ils se retirèrent vivement contre les fronts ; mais une des jambes de l'un d'eux fut prise au milieu des débris de l'éboulement.

Ce n'est pas seulement la fissure qui est la cause de l'accident, mais aussi un défaut de soutènement. Les cadres $C C'$ auraient dû être immédiatement munis d'étançons et non pas être simplement encastrés.

Veine Fayol.

Deux mineurs effectuaient le creusement d'une galerie de herschage de cette veine dans des schistes très fissurés.

La veine se rencontrait en étreintes sous forme d'un filon noireux très mince.

Le boisage était effectué avec des cadres distants de 0ᵐ 80, constitués par un chapeau et deux étançons. Les cadres voisins des fronts n'étaient pas garnis de queues. Avant de les placer, un des mineurs voulut abattre avec le pic une bosse de terrain qui le gênait pour la pose d'un cadre intermédiaire.

Il avait à peine frappé quelques coups que la bosse, isolée par des cassures, se détacha brusquement.

Les ouvriers assurent avoir baumé.

Il n'en est pas moins acquis qu'ils n'auraient pas dû retarder la pose des queues sur une longueur de 2ᵐ 50 dans un terrain aussi mauvais. Le surveillant aurait dû l'exiger.

Veine Timmerhans

La galerie était creusée en partie dans le mur et en partie dans le toit. On boisait comme l'indique la *fig. 3 pl. XXXV* lorsqu'en travaillant à l'abattage le chapeau céda dans la partie encastrée *D* et détermina la chute du cadre et des cailloux *M N*.

Avec la fissure, l'encastrement était dangereux. Un étançon B était nécessaire.

Veine Saclier.

Lorsque deux veines sont rapprochées, il importe de redoubler de précautions.

Ainsi, la veine Saclier n'est séparée de la veine Amita que par 1 mètre de terrain. On ne l'exploite que lorsqu'on a dépouillé la veine inférieure ; mais son toit, déjà très mauvais, n'en devient encore que plus dangereux.

Il faut, malgré un bon boisage, effectuer beaucoup de réparations dans les galeries.

D'autre part, le sol de la galerie étant en très mauvais état, la berline se met souvent hors des rails.

Un éboulement a été précisément occasionné par un de ces déraillements. Il blessa légèrement le herscheur.

ACCIDENTS DIVERS DE GALERIES

Les accidents divers sont assez nombreux ; les réparations des galeries en occasionnent un grand nombre.

Lorsque les galeries sont écrasées, les terrains sont disloqués, les anciennes fissures sont agrandies, de nouvelles cassures se produisent.

D'autre part, pour soutenir les blocs en suspens, une grande expérience est nécessaire. Si on les laissait ébouler jusqu'à la roche solide, il se formerait souvent des excavations fort considérables dont le remplissage serait dangereux et très coûteux.

Il vaut mieux, dès qu'un éboulement menace de se produire, essayer de l'éviter ; ou, s'il s'est produit, en limiter les conséquences en restreignant la chute des blocs en suspens, autant qu'il est possible de le faire sans trop de danger.

Ce n'est pas une règle absolue ; il est des cas, au contraire, où il vaut mieux laisser l'éboulement se terminer. Ces travaux sont très difficiles ; ils demandent du sang-froid et de l'adresse ; aussi on ne doit les confier qu'à des mineurs expérimentés dans la force de l'âge. Il importe aussi de les rétribuer à prix fixe, de manière à ne pas engager les ouvriers à s'exposer en allant trop vite.

Voici divers exemples de leurs opérations :

RÉTABLISSEMENT DES GALERIES

Veine Maurin.

Un raucheur était occupé à la réfection d'une voie de fond. Il avait fait tomber la bille qu'il voulait remplacer et cherchait à faire tomber aussi les blocs en suspens, lorsque l'ébranlement qu'il produisit en frappant sur ces blocs occasionna un éboulement général, qui l'atteignit.

Cet accident est évidemment dû à la nature du travail que l'ouvrier effectuait.

C'est un cas de risque professionnel très net, le raucheur s'étant placé, dans la partie réparée, sous un cadre qu'il venait de poser.

Veine Courtois.

Très souvent, les raucheurs sont surpris par la chute de cailloux au moment où ils enlèvent les bois. C'est ce qui est arrivé dans le déboisage d'une voie secondaire de la veine Courtois.

Le raucheur avait enlevé le bois d'amont-pendage. Il était en train de retirer l'un de ceux d'aval-pendage lorsqu'un caillou du toit le blessa.

L'ouvrier avait pris toutes les précautions d'usage. Il avait placé une chandelle au milieu de la galerie, pour soutenir le chapeau qui se trouvait derrière lui, pendant qu'il enlevait le chapeau et le cadre précédent.

Les queues pourries et un mouvement du toit déterminèrent la chute du caillou.

L'accident n'est donc imputable qu'au risque professionnel.

GRANDES EXCAVATIONS

Lorsque le rétablissement des galeries comporte de grands vides à remplir, il est particulièrement difficile de l'effectuer, la solidité de ces vides étant souvent problématique, et le baumage avec des rallonges n'étant pas toujours pratique. Il faut procéder par boisage provisoire.

Veine François.

Pendant qu'un mineur faisait un potia C pour placer des étançons au chapeau que son aide soutenait avec son épaule, le bloc B tomba et tua son aide (*fig. 1 pl. XXXVI*).

Le mineur effectuait rapidement un boisage provisoire ; mais il n'avait pas eu le soin de heurter les parois de l'excavation avec un long bois pour en faire détacher les blocs en suspens. Or, il ne faut jamais se placer ainsi sous un ciel d'excavation, de solidité inconnue, sans l'avoir heurté avec un long bois, surtout après un éboulement récent.

Veine Thiry.

Un mineur était occupé à faire un quadrillage, dans un éboulement qui s'était produit la veille dans une galerie d'une veine de 15 mètres d'épaisseur. Il avait déjà placé plusieurs bois lorsque tout à coup un éboulement se produisit en l'ensevelissant.

Cet accident ne peut être attribué qu'au risque professionnel.

Veine Dombres.

Deux raucheurs procédaient au rétablissement d'une galerie. Ils avaient enlevé un premier cadre, puis quand ils eurent agrandi assez la section, ils avaient posé à sa place un nouveau cadre avec des bois plus gros.

Ils se disposaient à effectuer la même opération avec le cadre A lorsque le cadre B céda et atteignit un des ouvriers placé en D (*fig. 2 pl. XXXVI*).

Les surveillants accusent la victime d'avoir commencé son travail au milieu de la partie écrasée.

En fait, les ouvriers ont attaqué le point où les berlines ne pouvaient pas passer pour débloquer immédiatement la taille.

Cet accident nous paraît dû à un risque professionnel, quoique l'ouvrier n'ait pas commencé ses réparations par l'une des extrémités de la partie écrasée.

Le surveillant lui a donné l'ordre d'empêcher l'arrêt de la taille que la galerie desservait. On ne comprendrait pas autrement sa manière de procéder, qui dans tous les cas, ne pouvait être inspirée que par un excès de zèle pour les intérêts de la Compagnie.

Veine Davy.

Deux raucheurs étaient occupés à la réparation d'un retour d'air. Ils devaient effectuer la pose de plusieurs chapeaux dans une travée. Dans ce but, ils avaient disposé un longeon le long d'une des parois de la galerie pour soutenir les chapeaux qu'ils devaient placer.

Un des deux raucheurs étant parti chercher des bois, l'autre, sans attendre le retour de son camarade, voulut placer le longeon tout seul.

Dans ce but, il attacha un des bouts du longeon avec une corde à un cadre voisin pour pouvoir placer à l'autre bout son étançon.

Malheureusement, le chapeau dont il se servit pour attacher la corde n'étant pas assez solide, céda en l'ensevelissant.

Le bois auquel le mineur avait attaché le bout de corde devait paraître assez solide, sinon la victime aurait attendu son camarade. Les apparences ont donc été trompeuses. Il est difficile d'admettre qu'un homme payé à la journée se soit exposé bénévolement à la mort pour effectuer un travail qui ne devait pas augmenter son salaire.

Cet accident doit donc être classé dans les causes fortuites. En le classant comme imprudence de la victime, il en résulterait que les ouvriers les plus dévoués seraient non seulement les plus exposés, mais n'auraient droit aussi à aucune indemnité.

Veine Laur.

Pendant la réfection des galeries pour muraillement ou blindage, il importe que les ouvriers n'enlèvent les bois qu'après s'être garantis de la chute des blocs qu'ils soutenaient.

Quelquefois ces précautions sont insuffisantes, mais rarement. Tel est le cas de la bowette de la veine Laur. Cette bowette, creusée à la perforation mécanique, rencontra une passée de schistes noireux peu solides que le tir à la dynamite avait ébranlés.

Quand l'avancement, 5 à 6 mètres, permit de boiser plus efficacement, trois ouvriers furent chargés de doubler les cadres et de remplacer ceux qui étaient brisés par des chapeaux en fer. Dans ce but, ils soutenaient les chapeaux en fer avec des chandelles placées au milieu. L'une des chandelles étant un peu longue, le cadre fut serré fortement contre le toit et il fit basculer un bloc de 1^m 80 sur 1^m 50 et 0^m 60 d'épaisseur.

Ce bloc culbuta deux cadres et tua un des ouvriers.

Cet accident doit être attribué à une cause fortuite.

Veine Reumaux.

Deux raucheurs étaient occupés à agrandir un retour d'air. Ils enlevaient les cadres et les remplaçaient par des meurtials soutenant des chapeaux en fer.

Un chapeau en bois gênant la pose d'un chapeau en fer, le raucheur le fit tomber.

Au même instant, un éboulement général des cadres voisins se produisit et le blessa.

Le surveillant avait recommandé aux ouvriers de relier les cadres avec des lambourdes avant d'enlever ce chapeau, les terrains étant très fissurés.

Cet accident doit donc être attribué à la désobéissance de la victime.

Veine Doise.

Le creusement des potias occasionne aussi des chutes de bloc.

Ces chutes sont surtout à craindre dans les galeries disloquées non baumées. C'est ainsi que dans la veine Doise, un raucheur ayant retiré les terres d'un éboulement après s'être assuré insuffisamment de la solidité des terrains, fut blessé par un bloc qui se détacha de l'excavation.

Veine Portier.

On ne doit jamais effectuer un potia le long d'une cassure.

La chute d'un bloc est survenue par suite de l'oubli de cette précaution.

Veine Petitjean.

Un grand nombre de chutes de bloc atteignent le mineur pendant le creusement du mur par suite du retard du soutènement du toit. Pendant que l'ouvrier creuse le mur, il ne peut pas appuyer le boisage sur le sol.

Il se garantit avec des pilots provisoires ou en faisant dépasser les bouts des rallongues. Même dans ce cas, des accidents peuvent survenir si l'extrémité des rallongues n'est pas soutenue suffisamment.

Tel est le cas d'un accident survenu dans la veine Petitjean.

Un ouvrier travaillait dans une galerie de fond lorsqu'un bloc se détacha, cassa le bout de la rallongue et le tua.

Cet accident est dû en partie à une cause fortuite, mais aussi au manque de soutènement de l'extrémité de la rallongue. Si les surveillants avaient prescrit cette mesure, l'imprudence du mineur n'est pas douteuse. S'ils avaient laissé faire, l'accident doit être attribué au risque professionnel de ce genre de travail.

Veine Lévy.

Avec des cadres brisés, il y a toujours à craindre un éboulement, et un travail de réfection peu coûteux au début peut devenir très onéreux dans la suite.

Chaque éboulement disloque, en effet, le terrain et rend plus difficiles les réparations à effectuer.

Ainsi, une voie négligée dans la veine Lévy finit par s'effondrer. On dut en retirer une très grande quantité de stériles et l'éboulement continuant à se propager, il fallut se résoudre à établir une galerie à côté.

Un accident analogue est survenu dans la veine Francis. Un galibot, en passant, détermina la chute des remblais d'un dressant sur une grande longueur.

L'éboulement fut si important qu'on abandonna le dépouillement des derniers mètres de charbon de la taille.

En somme, lorsqu'une réparation doit être effectuée, il faut accomplir ce travail immédiatement

Veine Sol.

Quand on creuse un montage pour assurer la circulation du personnel, il faut autant que possible le boiser soigneusement et l'établir dans une partie régulière.

Un accident est arrivé dans la veine Sol à la suite de l'oubli de ces précautions.

Au-dessous d'un relevage de cette veine, on rencontra une partie de faux-mur. Les mineurs s'étaient contentés de boiser sur ce faux-mur sans tenir compte des joints produits par la faille.

Un ouvrier circulant dans la cheminée entraîna un des bois ainsi placés.

Le toit s'éboula immédiatement et l'ensevelit.

Cet accident est dû à la négligence du personnel, qui aurait dû boiser solidement sur le mur dur et rapprocher les cadres dans cette travée.

MOUVEMENTS DU TOIT

Les mouvements des épontes peuvent occasionner des accidents dans les galeries.

La veine Gustave a un toit fort ébouleux, qui exige un boisage très soigné. Deux ouvriers effectuaient le boisage de la galerie de fond. Ils posaient le dernier cadre qu'ils avaient soutenu par deux montants provisoires de faible épaisseur. Tout à coup, le toit s'affaissa en masse en écrasant la galerie sur 10 mètres de longueur. Pendant cet affaissement, le cadre qu'ils venaient de poser céda aussi et un énorme bloc se détacha du toit et tua l'un des ouvriers.

Cet accident est dû à la nature des travaux exécutés. En général, quand on exploite une couche contiguë à une galerie, en remplaçant, au fur et à mesure de l'avancement, le charbon enlevé par des remblais, le toit s'affaisse sur ces remblais en écrasant le boisage.

Lorsqu'on emploie la méthode par traçage et dépilage, on combine la largeur des vides et des pleins (traçage et pilier) de manière à éviter tout mouvement important.

Ce n'est qu'au moment du rabattage, quand on dépouille les piliers en revenant vers les galeries principales, que le toit s'éboule en arrière. Mais comme les galeries correspondantes ont été alors utilisées, cet effondrement importe peu. Il n'en est pas de même avec les méthodes d'exploitation par remblayage et dépouillement complet effectué en s'éloignant des voies principales.

Les galeries secondaires devant servir après l'exploitation du charbon contigu de la taille, dès que la taille voisine de la galerie est dépouillée, un mouvement irrésistible s'effectue. Le premier boisage est écrasé. Quand ce mouvement est terminé, le toit s'est appuyé sur les remblais et a repris son assiette ; il n'y a plus d'autre mouvement général à craindre, à moins qu'on ne vienne exploiter une veine inférieure rapprochée.

Veine Castel.

Cette veine, de 2ᵐ 70 d'épaisseur et de 30° d'inclinaison, est exploitée par tailles montantes.

La victime était occupée, au moment de l'accident, au creusement de la partie supérieure du treuil.

Pour entailler les sillons inférieurs de la couche, le mineur commença à enlever le boisage de la travée correspondante.

Immédiatement, le toit céda et le mineur fut tué.

Le mineur aurait dû placer des rallongues potelées dans la veine avant de retirer le boisage provisoire ou des allonges en fer.

Veine Zeiller.

Dans la voie à chevaux conduisant aux chantiers de la veine Zeiller, le soutènement est constitué par des chapeaux et des montants en fer réunis par des manchons en fer.

Une rigole d'écoulement avait dénudé le mur, peu solide, qui glissa en provoquant la chute dn toit.

Les bois auraient dû être potelés sur le dur mur ou disposés sur des semelles en chêne.

Veine Malatray.

Dans les replis d'une couche, le toit étant très mauvais, on avait posé les bois de la galerie sur le charbon du dressant (*fig. 3 pl. XXXVI*).

Lorsque la taille de la plateure eut pris un certain développement, le toit s'affaissa, les étançons de la galerie s'enfoncèrent dans le charbon et plusieurs cadres furent culbutés. Un herscheur fut tué.

Avec un mur friable et un toit pesant, il est nécessaire de faire appuyer les étançons sur des traverses. C'est ce qu'on avait fait dans la taille et c'est aussi ce qu'on aurait dû faire dans la galerie.

Cet accident incombe donc entièrement au personnel de la surveillance des travaux.

RAUCHAGE

Veine Auzilhon.

Dans une galerie montante, on doit toujours effectuer les rauchages en descendant. En montant, les cailloux qui se détachent tendent à blesser le raucheur.

Un accident dû à cette cause est survenu dans la veine Auzilhon au raucheur Lœuil.

CONCLUSION GÉNÉRALE

En résumé, on peut, avec plus d'expérience et de discipline du personnel, souvent avec une faible augmentation du prix de revient, diminuer le nombre des accidents d'éboulements.

Il est nécessaire notamment :

1° De posséder un personnel d'ouvriers, de surveillants et de maîtres-mineurs, aussi expérimentés que disciplinés ; habitués non seulement aux travaux du fond, mais aussi aux divers travaux spéciaux.

2° D'assurer près des chantiers la présence de bois convenables ;

3° D'éviter par le remblayage et le déboisage l'existence de vides trop étendus ;

4° D'exiger du personnel qu'il tienne toujours compte des fissures par un supplément de soutènement et des mauvais murs, formés par des terrains friables ou des remblais, en posant des semelles ;

5° D'intéresser les ouvriers à ne pas négliger le boisage nécessaire à leur sécurité par une rémunération de la pose des bois ;

6° D'éviter l'emploi des gradins renversés et des tailles montantes avec de trop fortes inclinaisons ;

7° De n'employer dans les dressants que des mineurs expérimentés ;

8° D'exiger des surveillants d'élite, qui, après avoir examiné avec soin les cassures principales, fassent prendre les précautions spéciales qu'elles comportent dans les chantiers qu'elles doivent probablement affecter ;

9° De n'employer les voleurs qu'avec les meilleures conditions de solidité du toit et du mur et des inclinaisons assez faibles ;

10° De généraliser l'emploi des allonges en fer ;

11° De payer les bois supplémentaires nécessaires à la sécurité ;

12° D'exiger strictement du personnel et des ouvriers, sous peine d'amende, que toutes les précautions usuelles pratiques soient prises : baumage, pilotage, soutènement plus efficace des parties fissurées, arc-boutement des bois entre eux en dressant, etc. ;

13° D'employer une lampe aussi éclairante que possible ;

14° De faire procéder le plus tôt possible aux réparations d'éboulement ou aux éléments de consolidation nécessaires après un premier ébranlement de terrain qne doit pas être suivi de mouvements irrésistibles ;

15° D'interdire l'entaillement des bois pour livrer passage aux berlines ;

16° De faire procéder aux réfections des galeries en commençant par l'une des extrémités de la partie écrasée ou éboulée;

17° De n'employer dans les réfections de galeries que des mineurs d'élite, très expérimentés, payés à la journée, etc. etc.

Nous n'en finirions pas si nous voulions préciser en détail toutes les précautions à prendre. Nous les avons indiquées dans les développements précédents, du moins dans les principaux cas.

Ce résumé ne peut spécifier que les mesures générales.

TABLE DES MATIÈRES

'LLE, IMPRIMERIE G. DUBAR & CIE, GRANDE-PLACE, 8

Modèle 3 R à triple expansion de 575 1 P

...ION DES MINES

. . . . Prix : 4 Francs.

. . . . — 6 —

. . . . — 8 —

. . . . — 10 —

t) . . . . — 3 —

minces). . . . . — 4 —

E MINES

. . . . Prix : 8 Francs.

CCIDENTS DE M

DENTS PAR ÉBOU

PAR

F. CAMBESSÉDÈS

Ingénieur civil des Mines

sseur d'Exploitation à l'École des Maîtres-Mi

PLANCH

PARIS

RNARD ET Cie, IMPRIMEURS

RAIRIE

ande-Augustins, 58 ter

71, Rue de

1896

PLANCHES

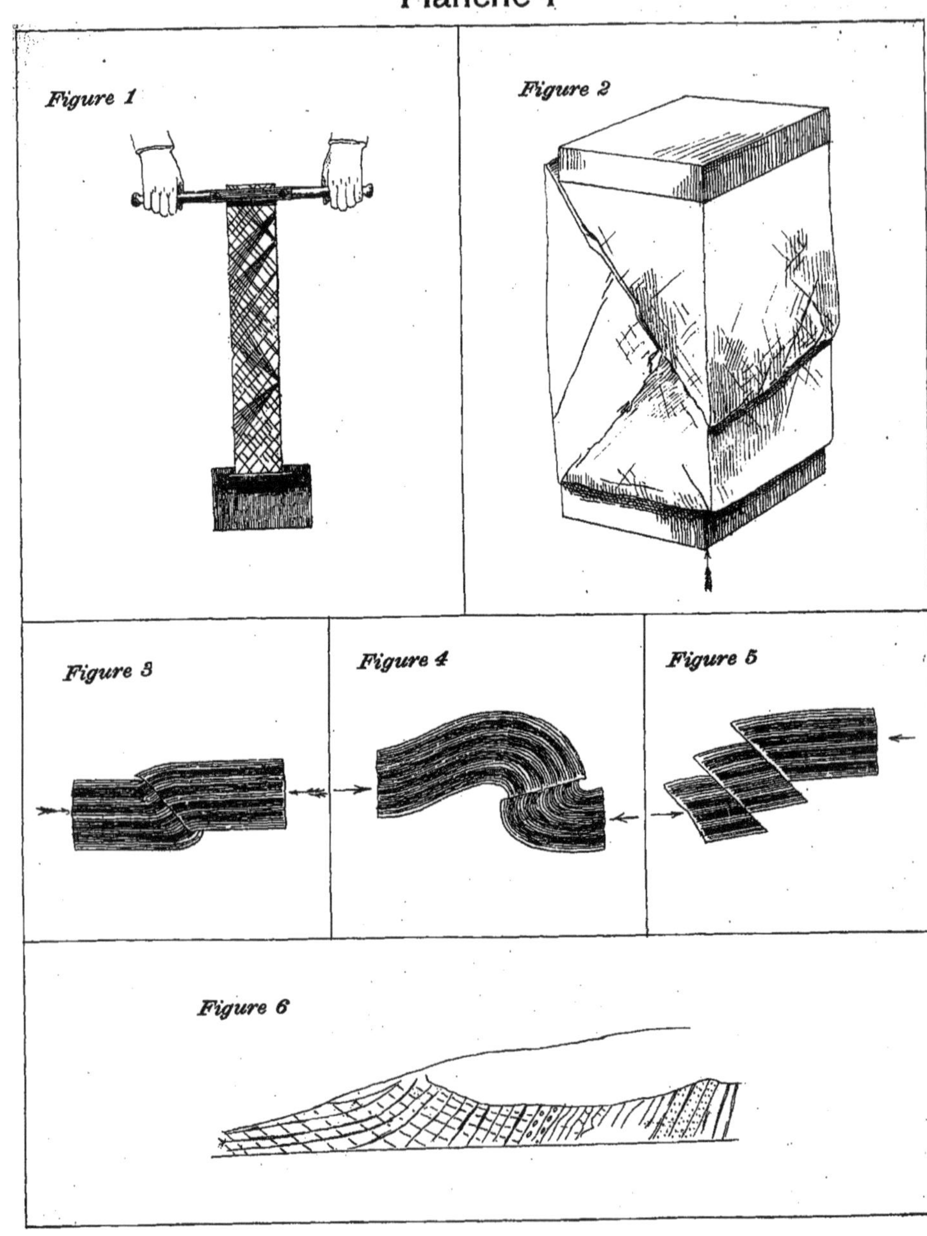

Figure 1

Figure 2

Figure 3

Figure 4

Figure 5

Figure 6

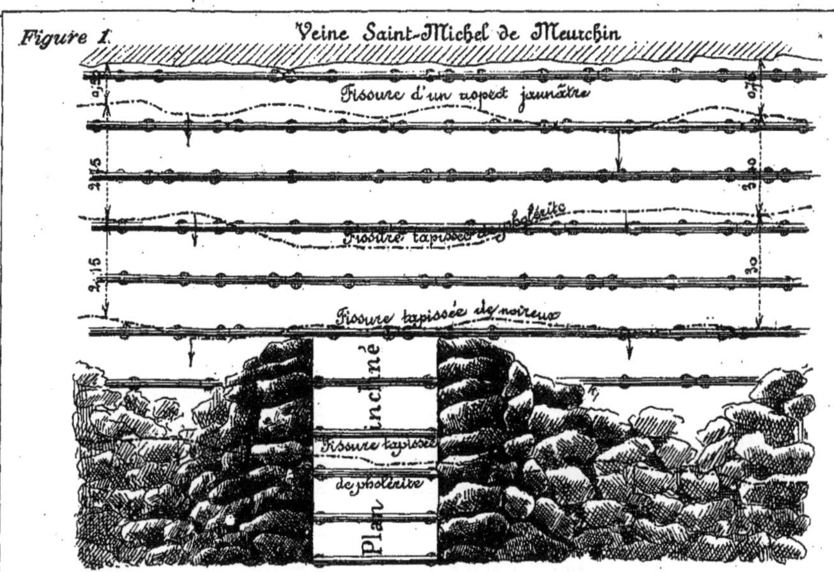

Figure 1.
Veine Saint-Michel de Meurchin
Fissure d'un aspect jaunâtre
Fissure tapissée de blende
Fissure tapissée de noireux
Fissure tapissée de pholérite
Plan incliné

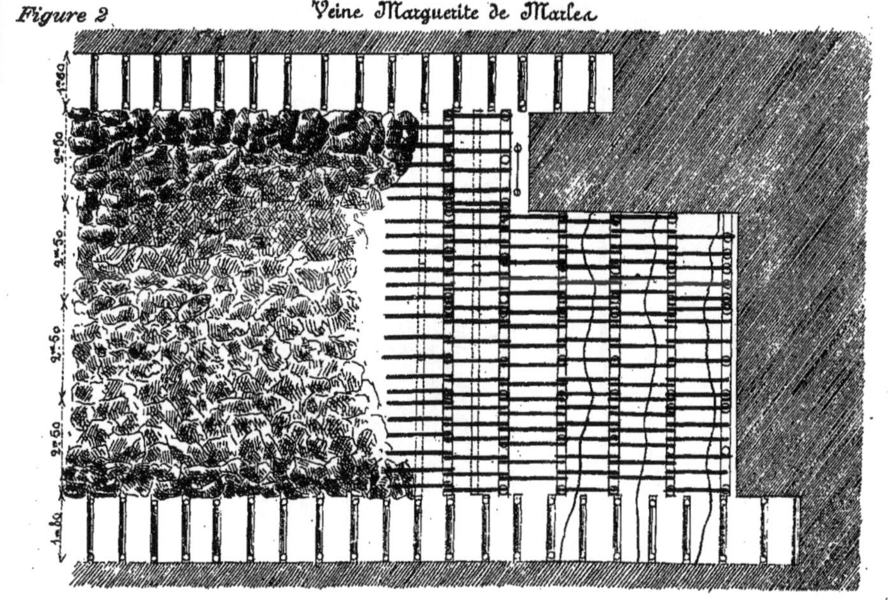

Figure 2
Veine Marguerite de Marles

Planche III

Veine Marguerite de Marles
Coupe par A B
Figure 1

Veine Saint-Louis de Meurchin
Figure 2
Vide.

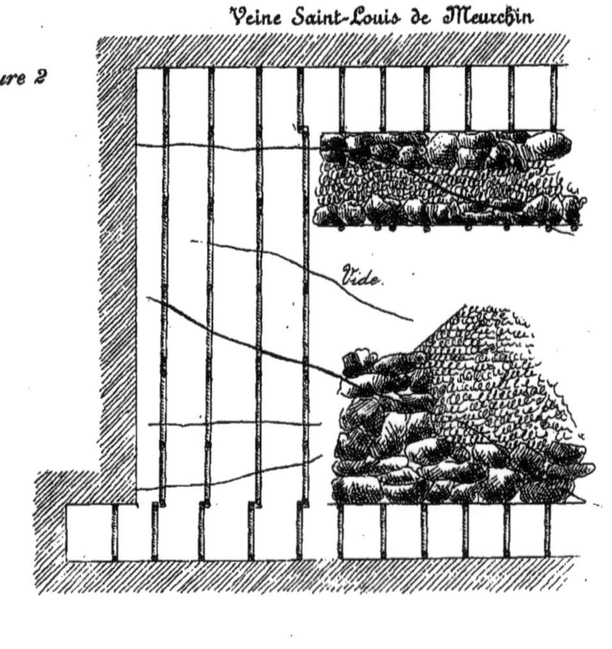

Planche IV

Figure 1
Veine Théodore de Lena
Figure 2
Grande Veine de Marles
A
B
6ᵐ
6ᵐ
Figure 3
Grande Veine de Marles
Coupe A B
Grès.
Grès pourri
Schiste gréseux.
A
B

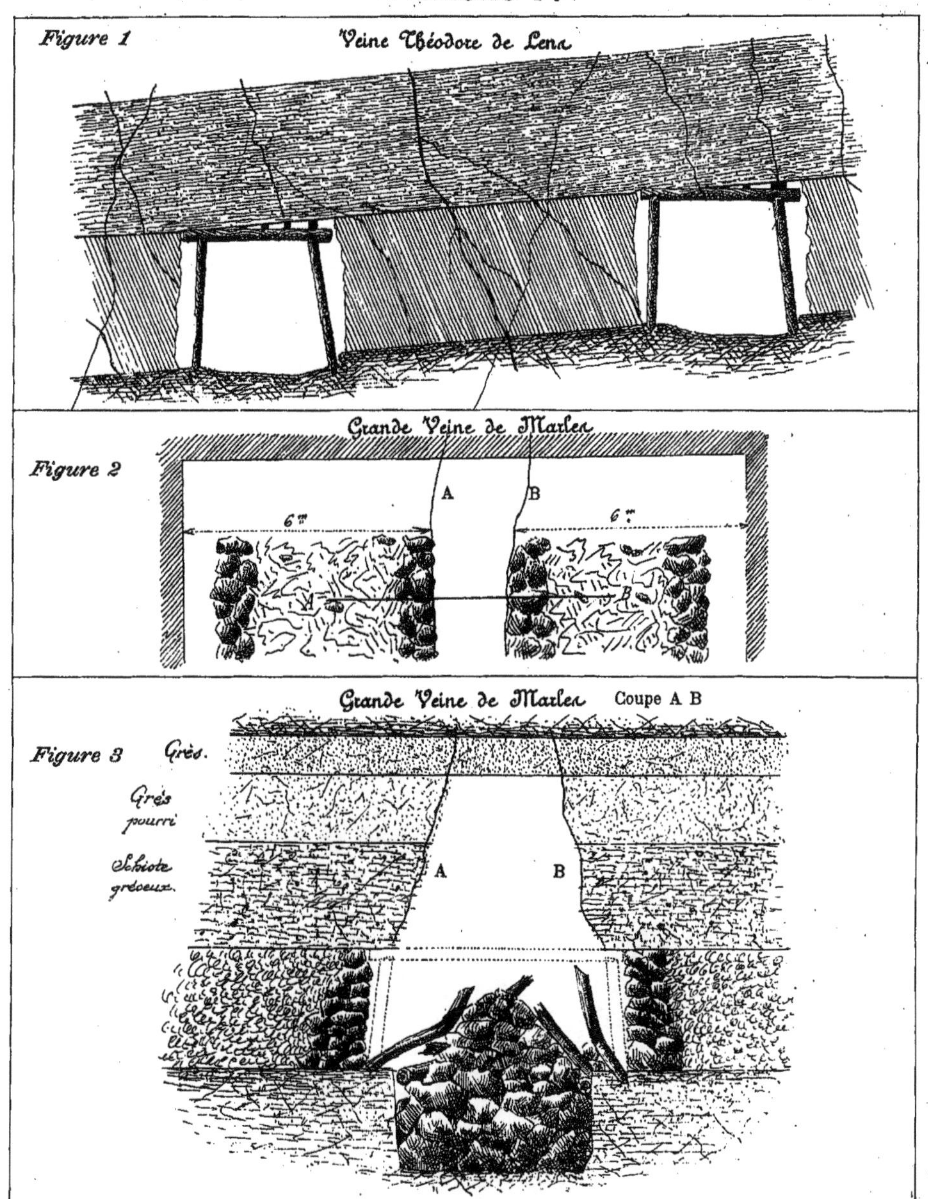

Planche V

Figure 1
Veine Saint-Éloi de Ferfay
M
O
N
Figure 2
Veine Désirée de Dourges

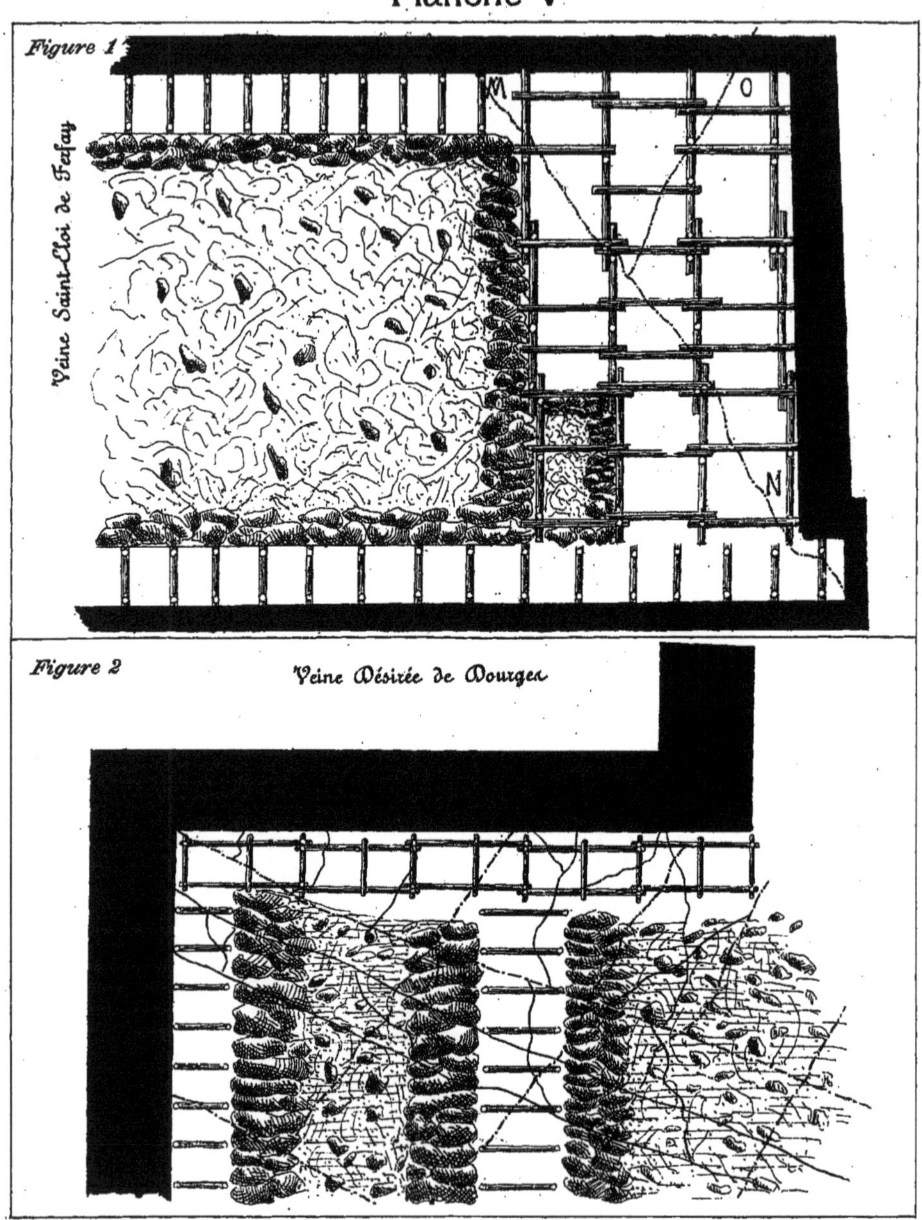

Planche VI

Figure 1
Veine Saint-Louis de Meurchin
B
A
6ᵐ

Figure 2
Veine Eugène

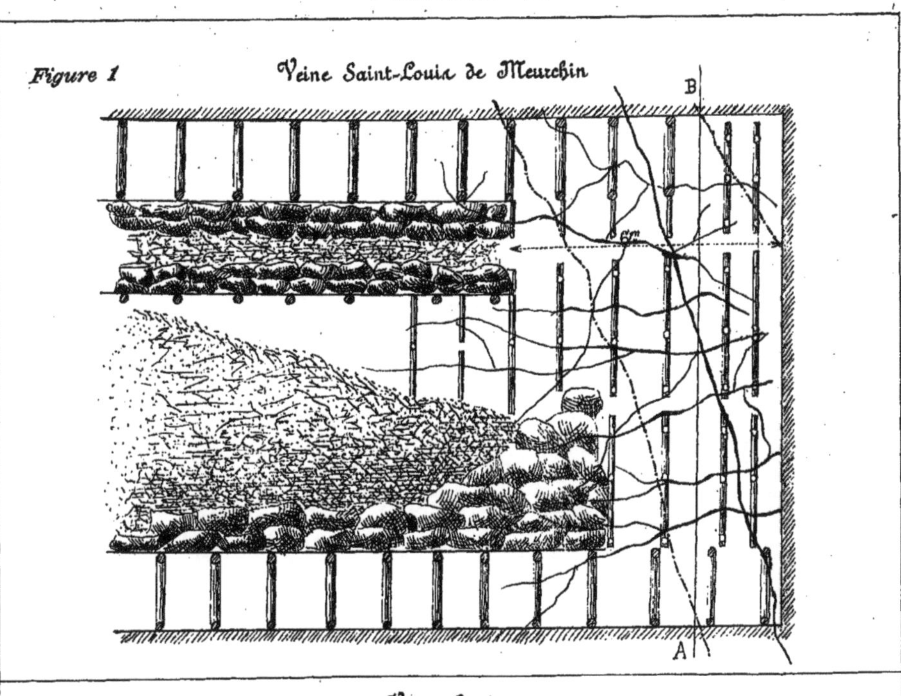

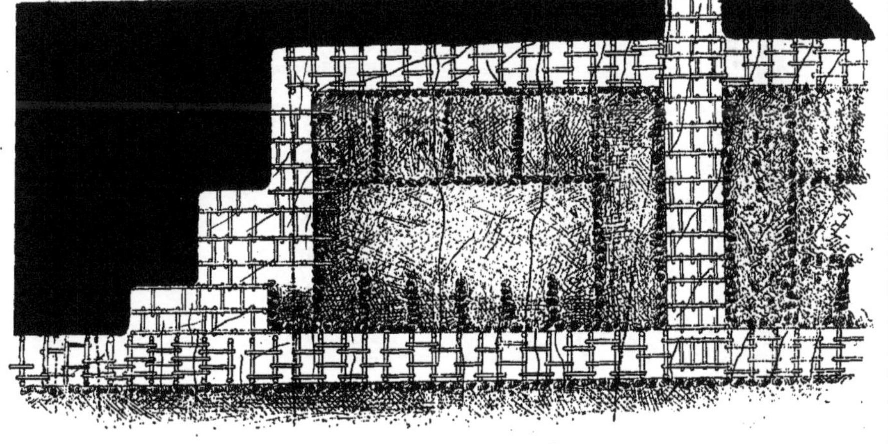

Planche VII

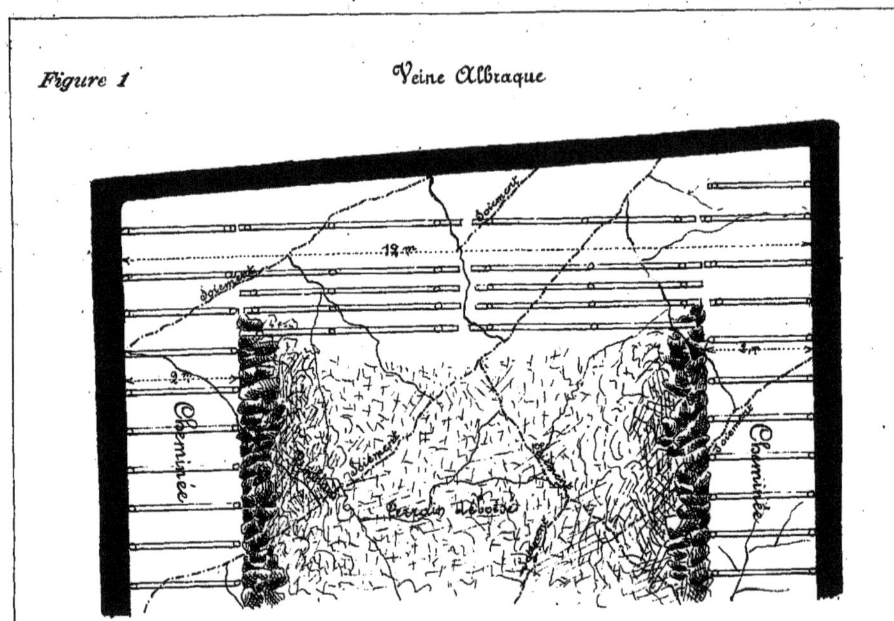

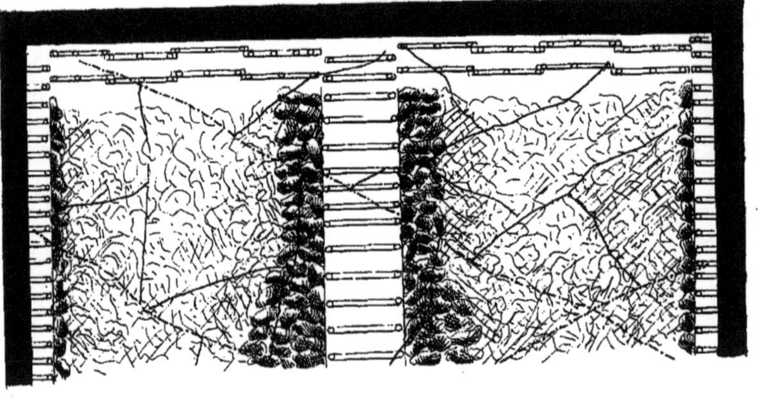

Planche VIII

Grande Veine de Carvin

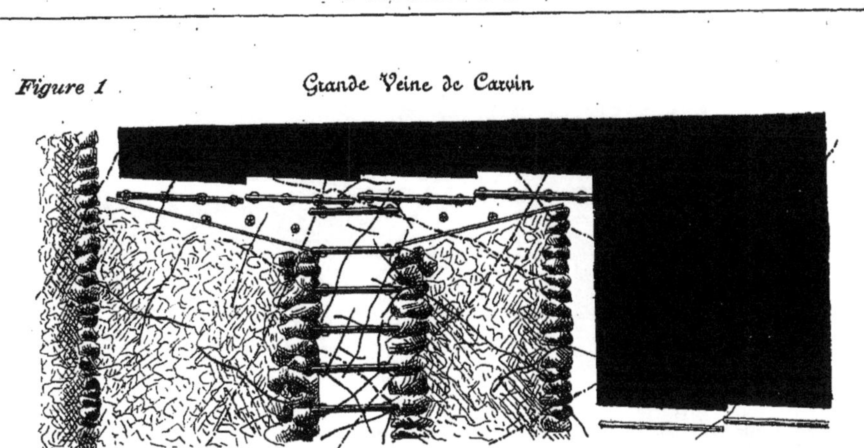

Veine Présidente de Ferfay

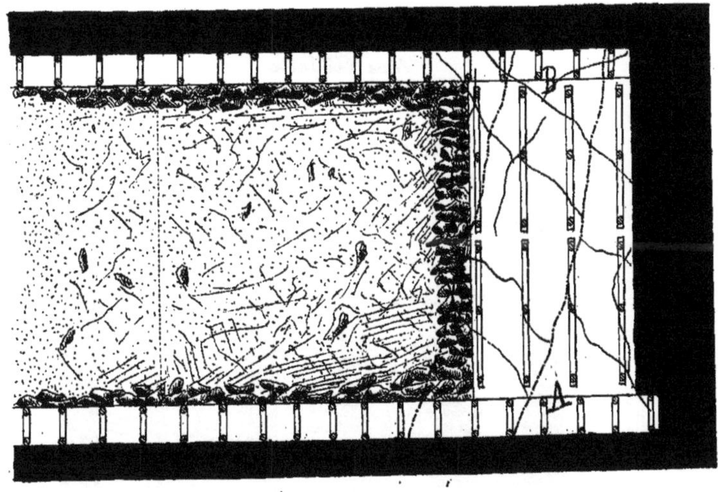

Planche IX

Figure 1
Veine Mathieu de Fresnea
A   C
2ᵉ Voie
B   D   Voie de fond

Figure 2
Veine Adélaïde
Eboul

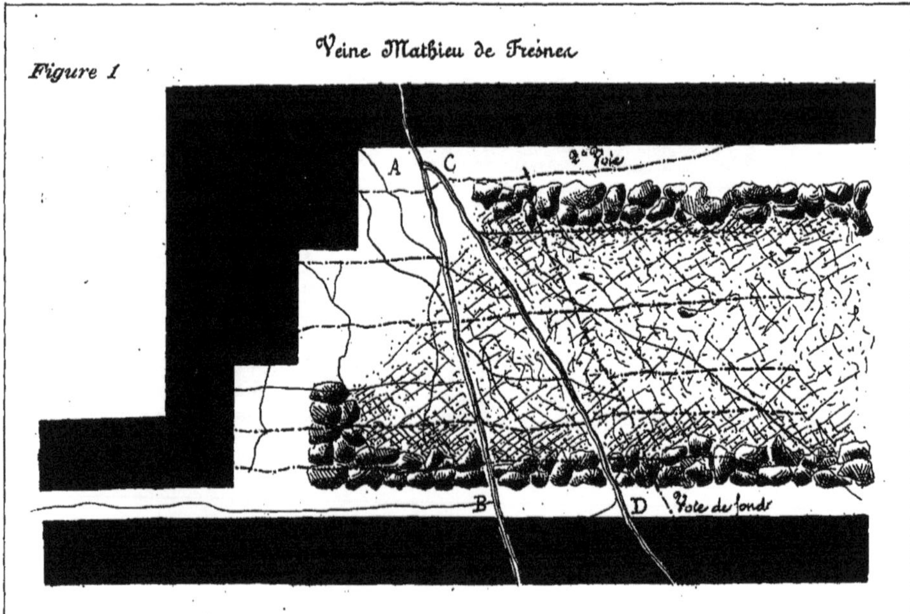

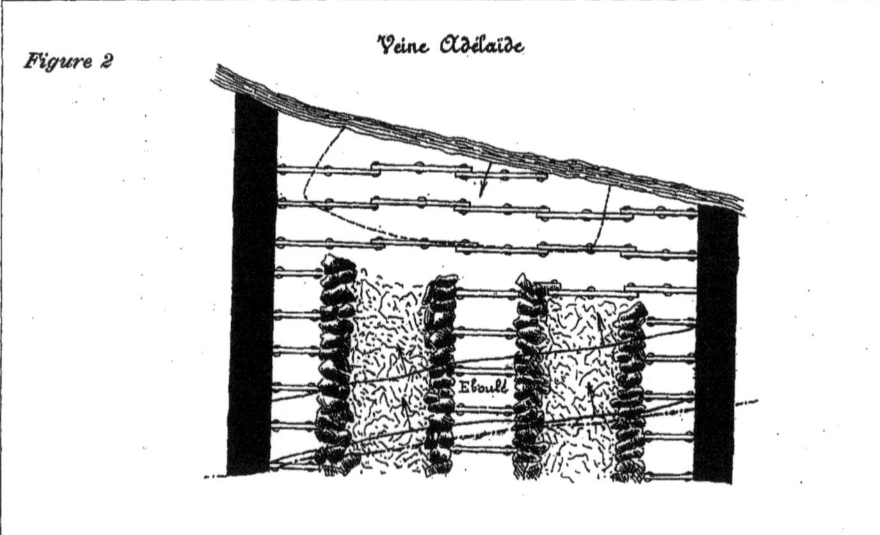

Planche X

Veine Louisa de Marles
Figure 1
N
Bloc éboulé
A
B
Pareux
M

Veine Jeanne de Ferfay
Veine du Souich (Liévin)
Figure 2
Figure 3
P
O
Faille
Soiement
P = 9ᵐ
I = 99 à 30°
Soiement
Soiement
Soiement
Soiement

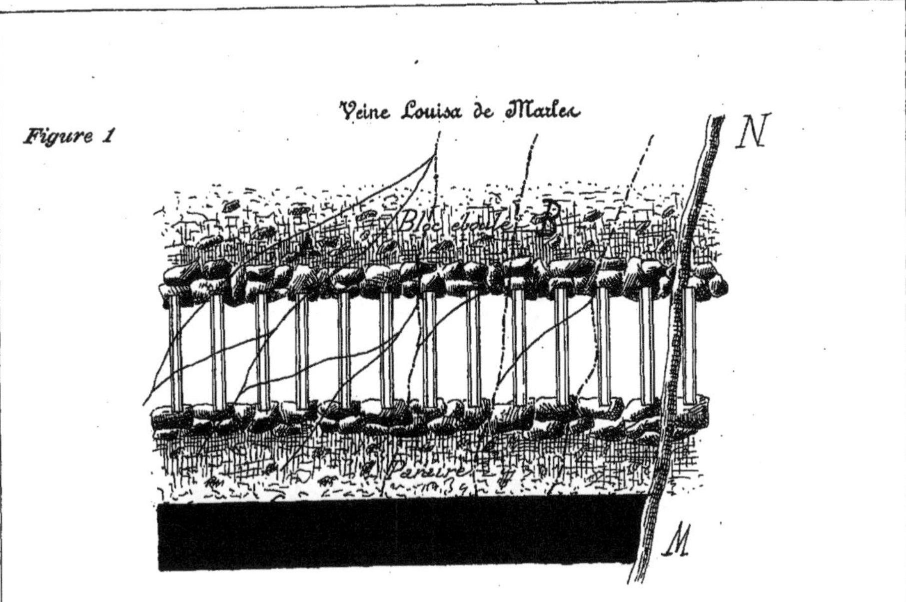

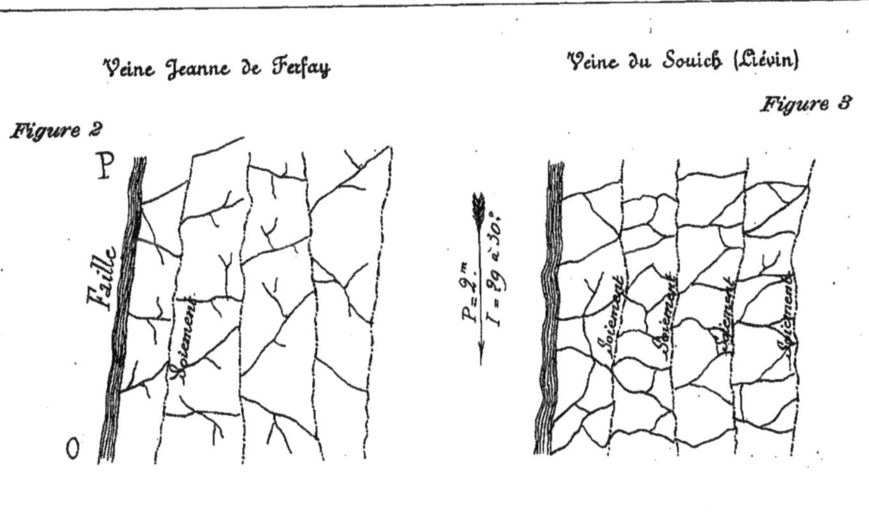

Planche XI

Veine du Souich
Figure 1
Faille
Faille
V. de fond
Bowette
V. du Souich
Bowette
Figure 2
Veine du Souich
Veine Édouard de Liévin
Figure 3
Faille
C
D
A
B
B
0.40
0.25
1.20

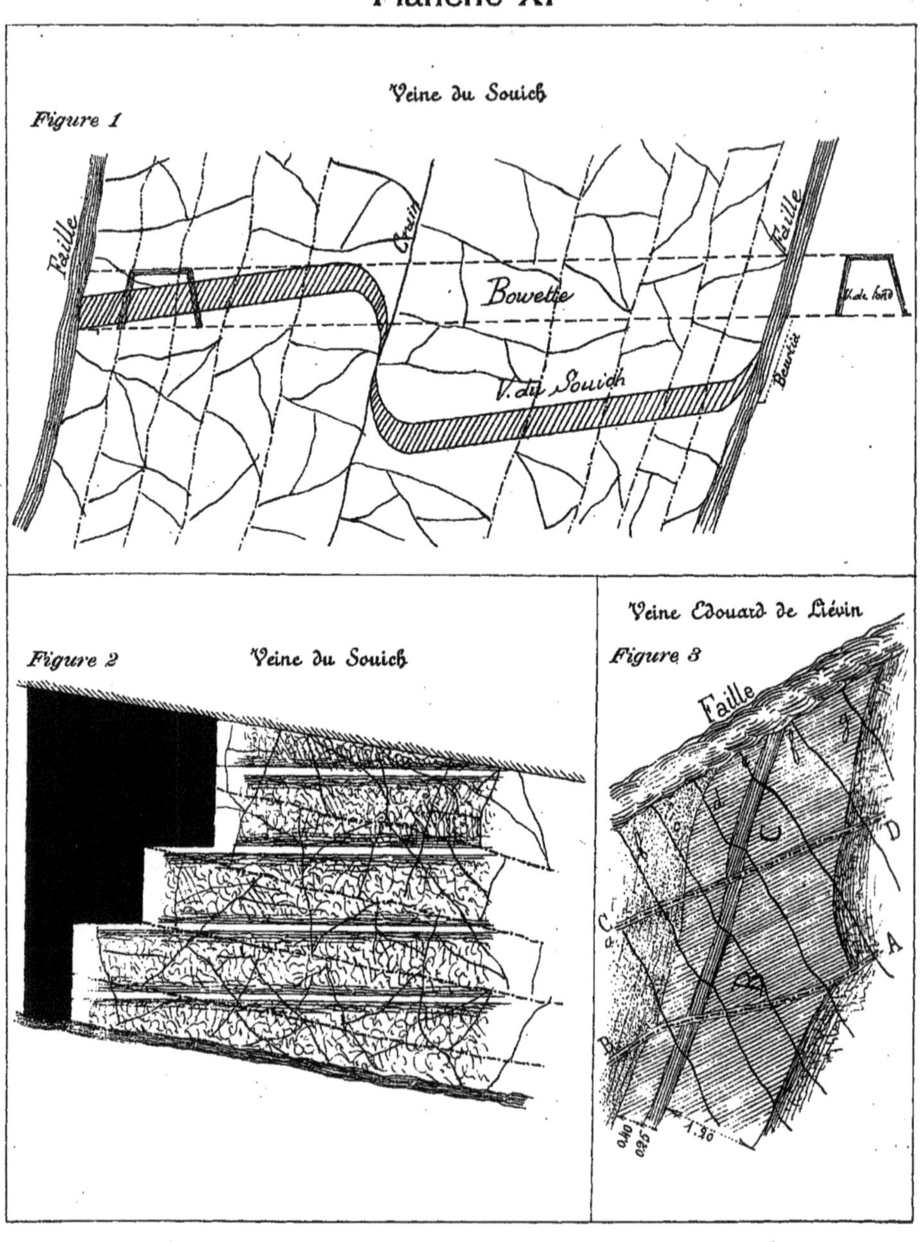

Planche XII

Figure 1
Veine du Souich
Faille
Cassure
Crain

Figure 2
Veine Françoise

Figure 3
Travers banc de la fosse Dutemple
(Anzin)
2ᵐ

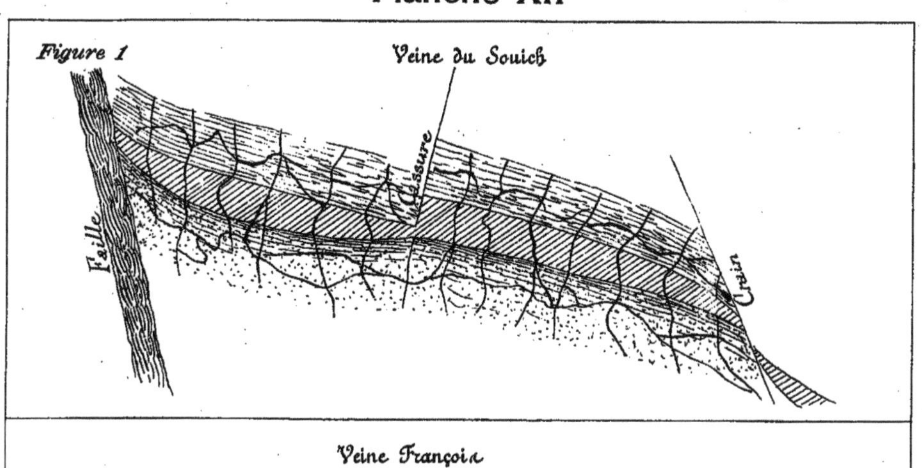

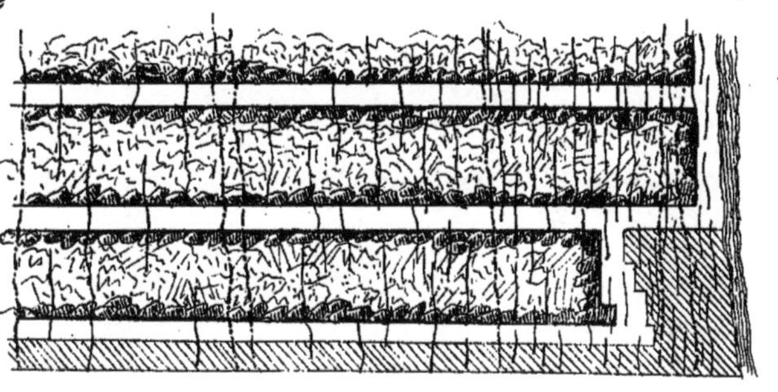

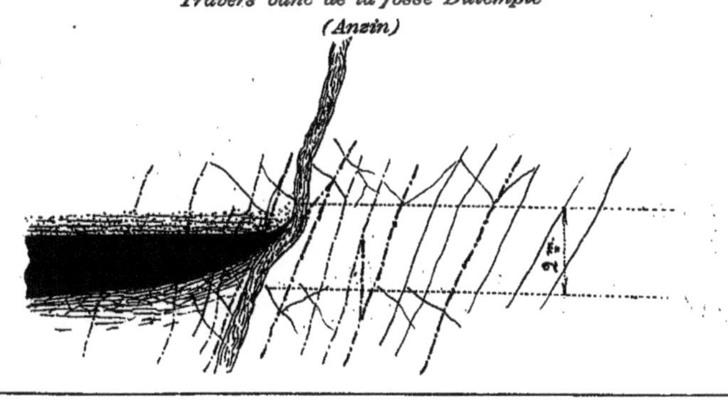

Planche XIII

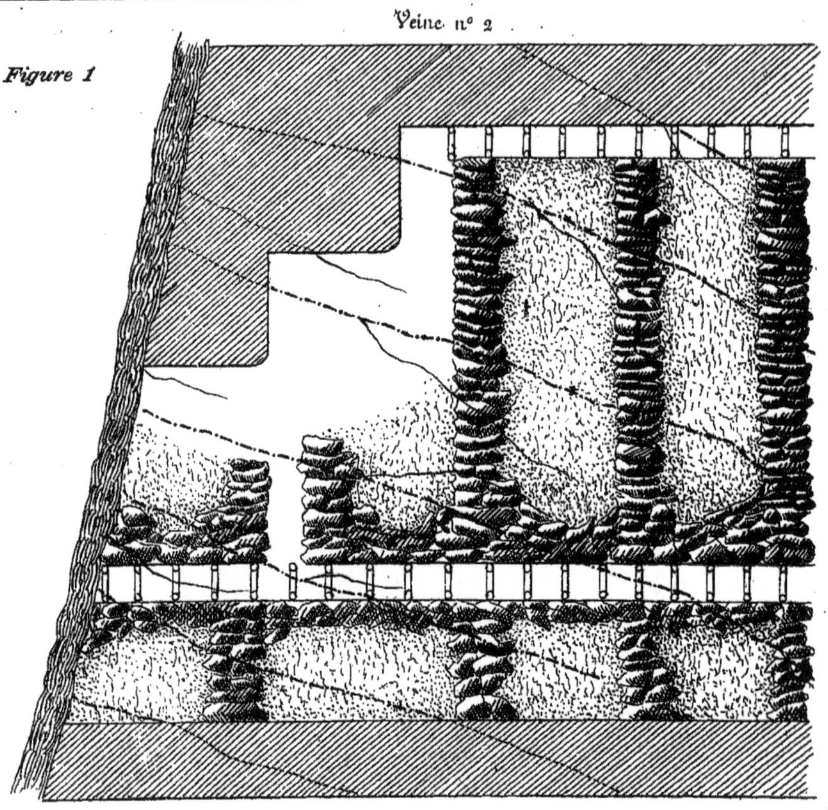

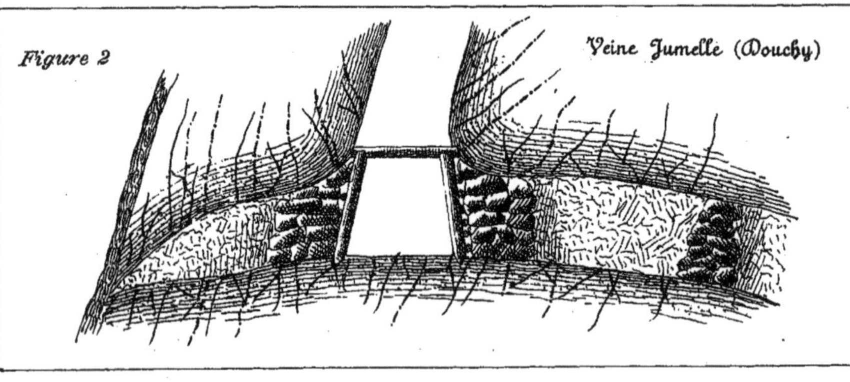

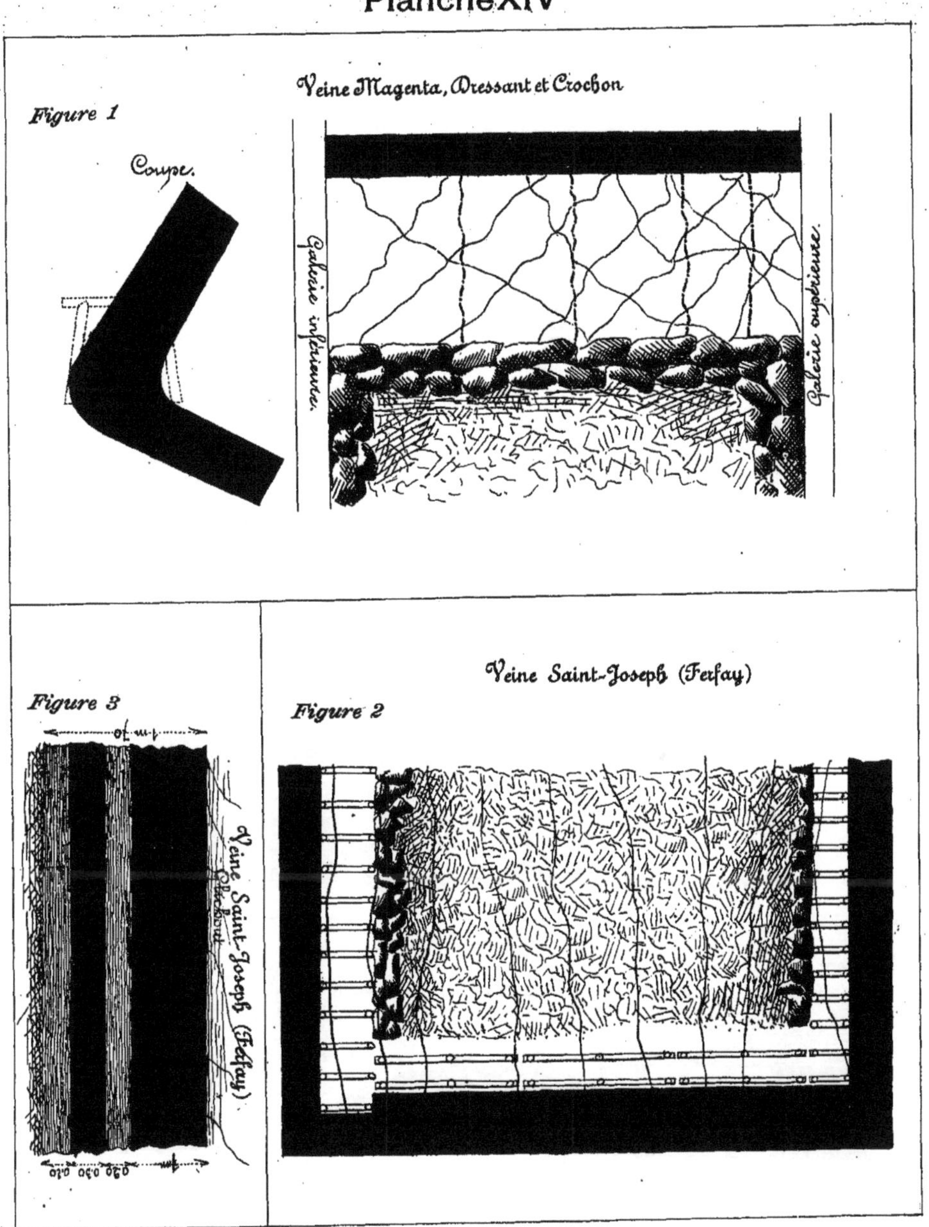
Veine Magenta, Dressant et Crochon
Figure 1
Coupe.
Galerie inférieure.
Galerie supérieure.
Veine Saint-Joseph (Ferfay)
Figure 2
Figure 3
Veine Saint-Joseph (Ferfay)

Planche XV

Figure 1

Veine n° 7 de Bruay. — Plan

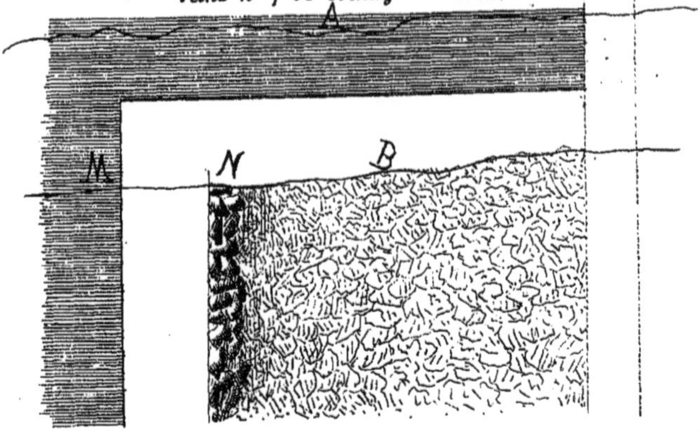

Figure 2

Veine de Bruay (coupe)

Figure 3

Veine Françoia

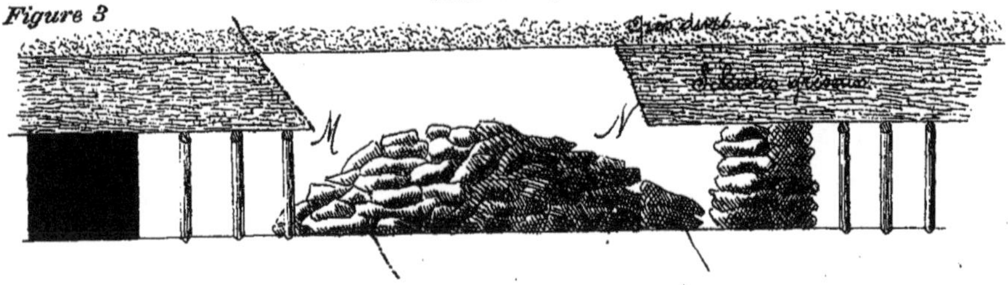

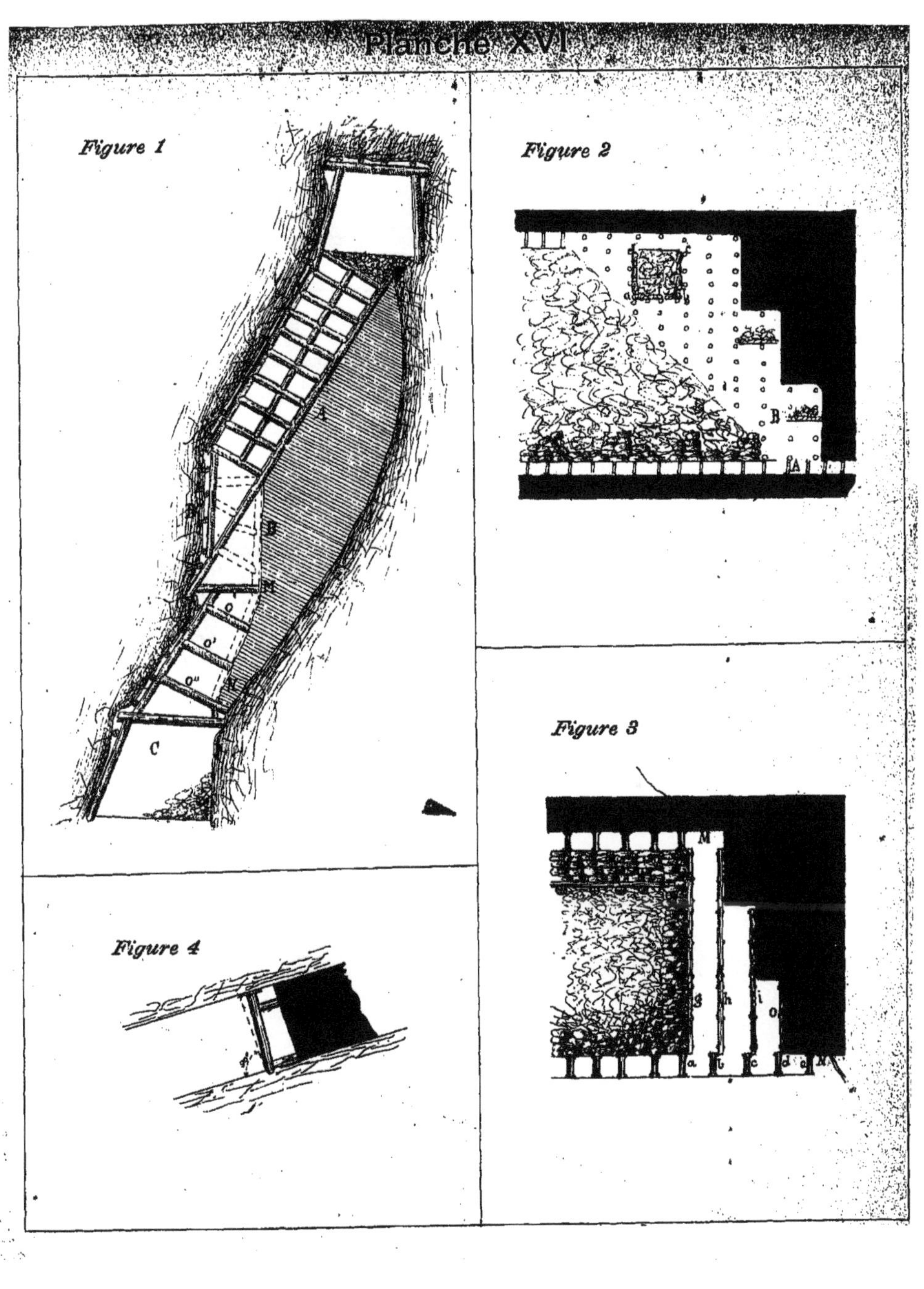

Figure 1
Figure 2
Figure 3
Figure 4

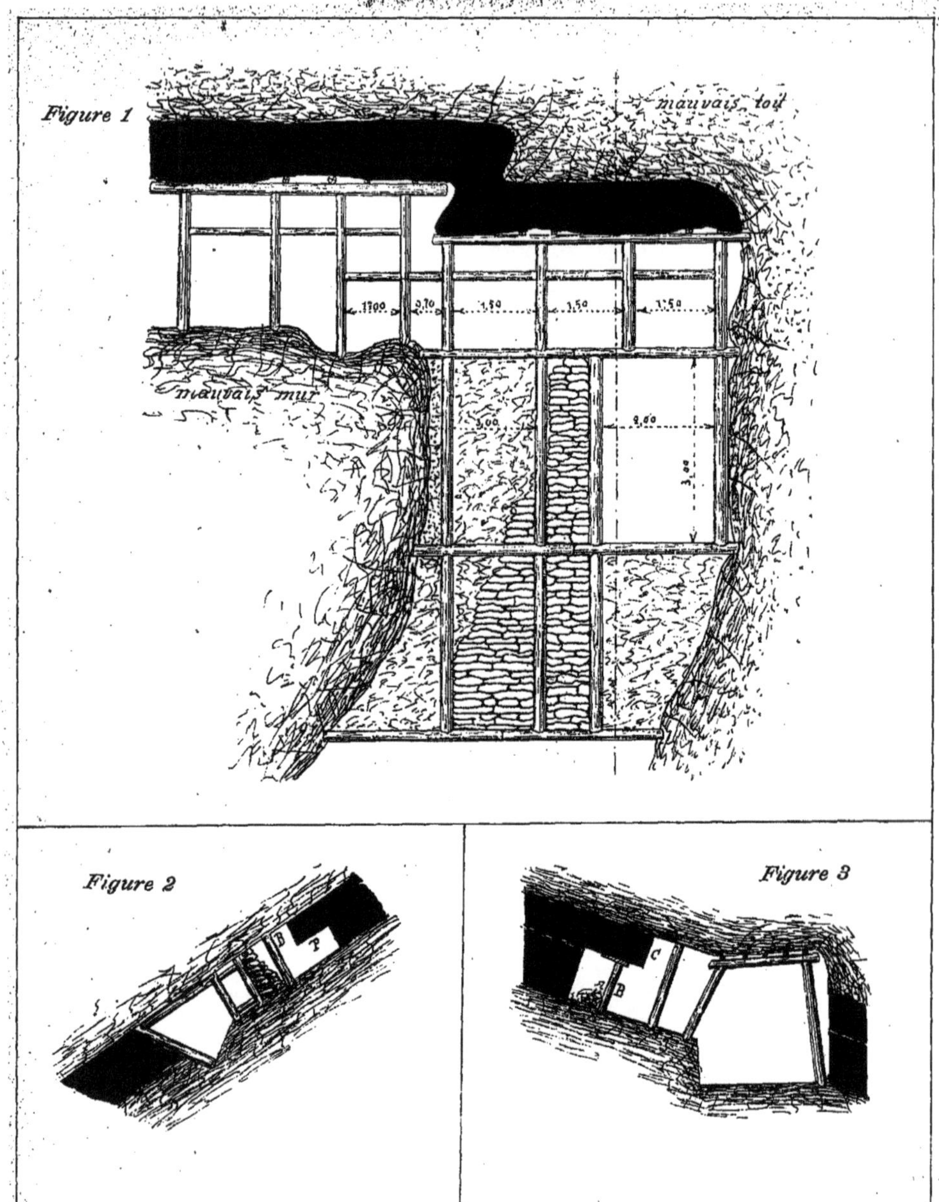
Figure 1
mauvais toit
mauvais mur
1.700
2.70
1.50
1.50
1.50
3.00
2.50
3.00

Figure 2
P
B

Figure 3
C
B
A

Planche XVIII

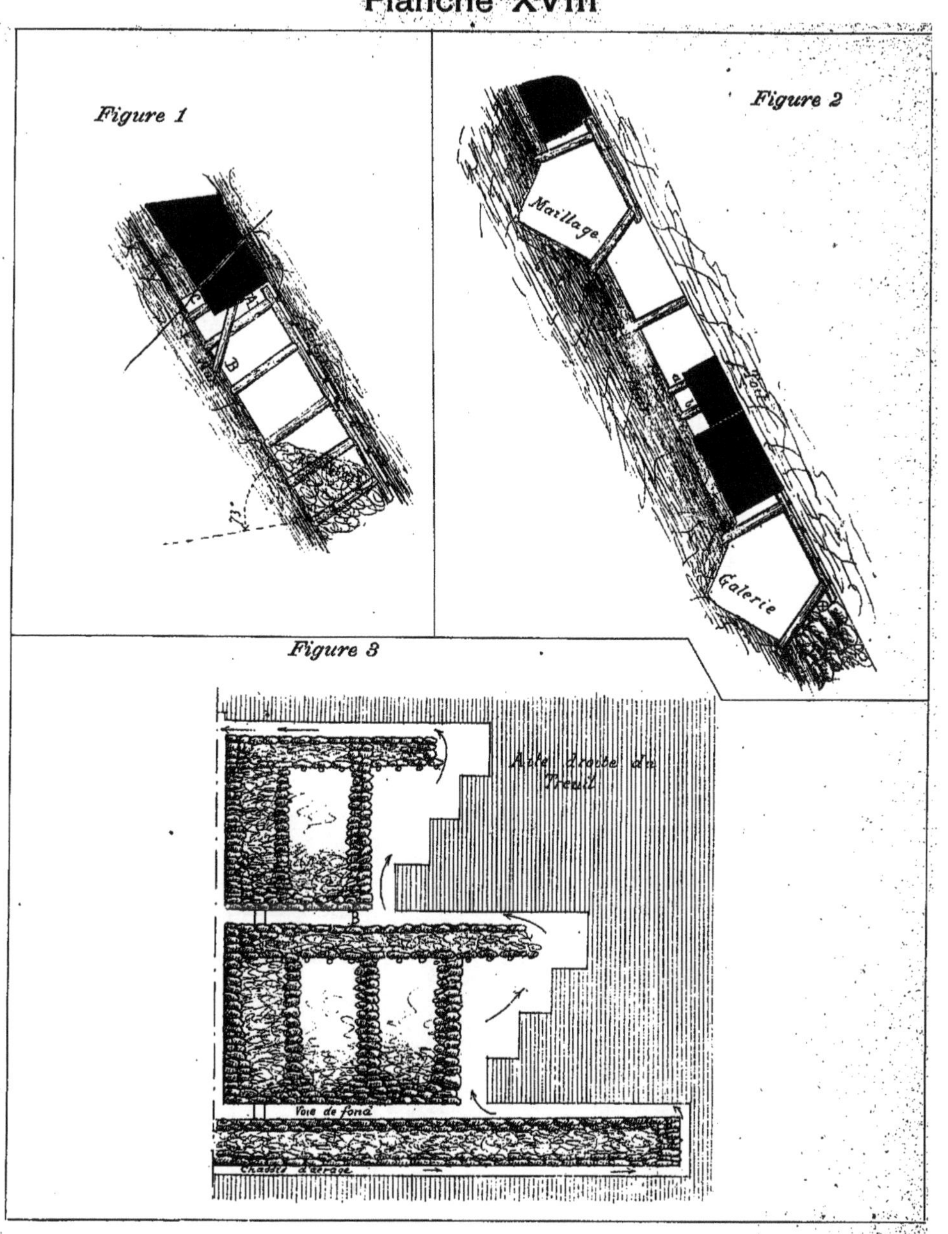

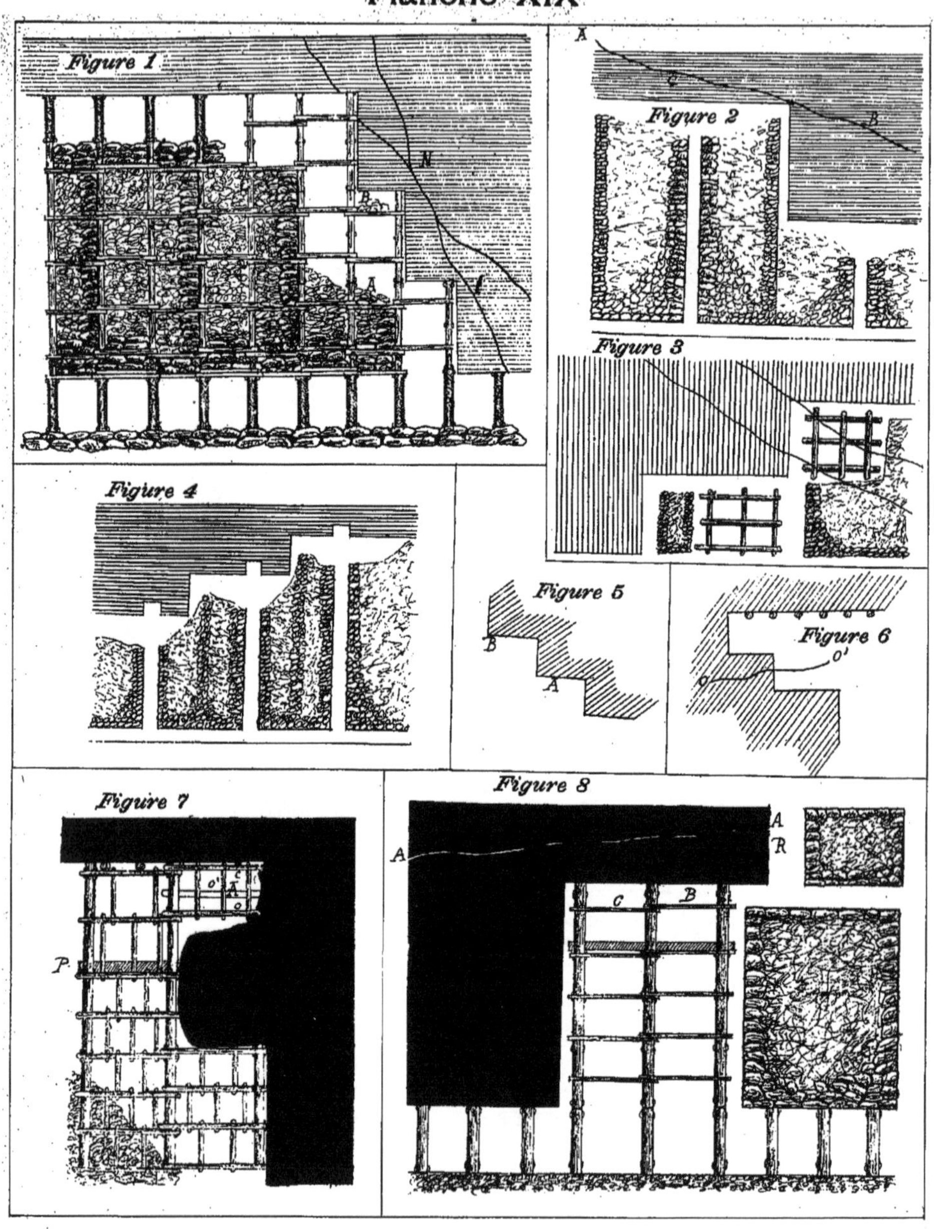
Figure 1
Figure 2
Figure 3
Figure 4
Figure 5
Figure 6
Figure 7
Figure 8

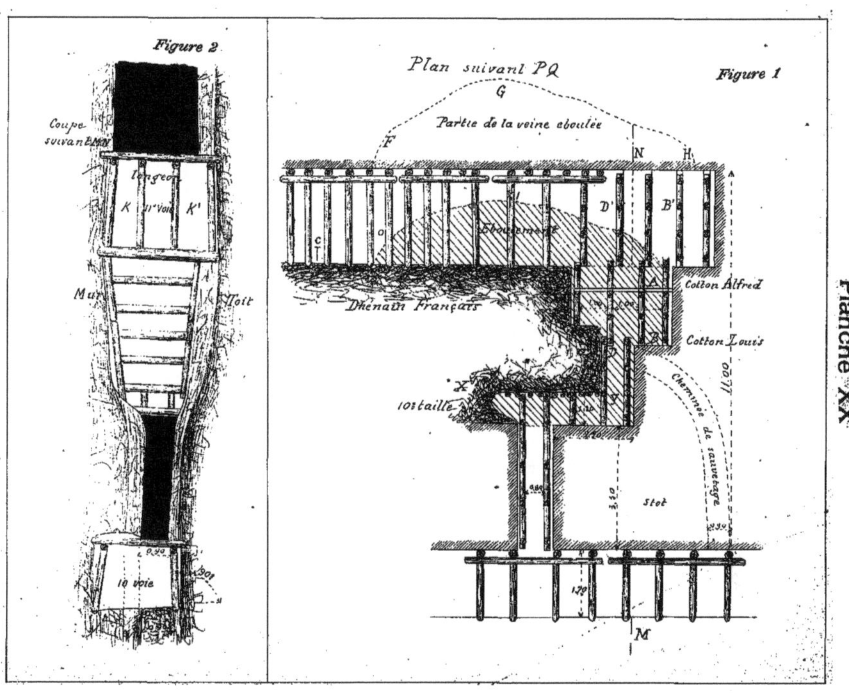
Figure 2
Coupe suivant EMN
longeon
K 11º Voie K'
Mur
Toit
10 voie
0.30
0.90
31
Plan suivant PQ
Figure 1
G
Partie de la veine éboulée
F
N
H
Éboulement
D'
B'
C
T
Cotton Alfred
Dhenain Français
Cotton Louis
Cheminée de sauvetage
0.77
10º taille
Stot
M

Planche XX

Planche XXI 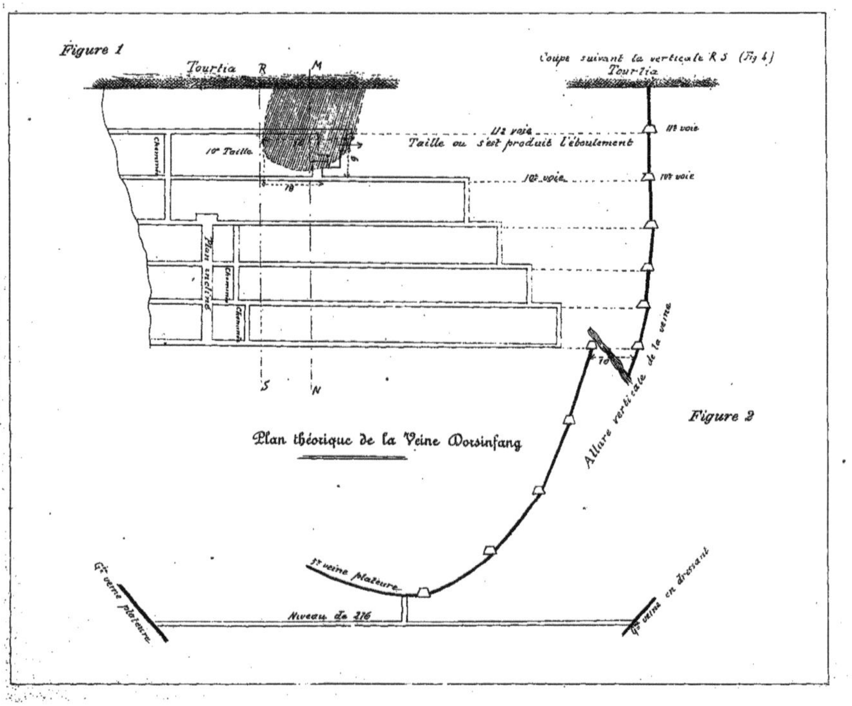
Figure 1
Tourtia   R   M
10e Taille
Chemin
Plan incliné
Chemin
Chemin
S   N
Plan théorique de la Veine Dorsinfang
Coupe suivant la verticale R S (Fig 4)
Tourtia
11e voie
Taille ou s'est produit l'éboulement
10e voie
10e voie
Allure verticale de la veine
Figure 2
1re veine Mature
Gce veine plateure
Gce veine en dressant
Niveau de 216

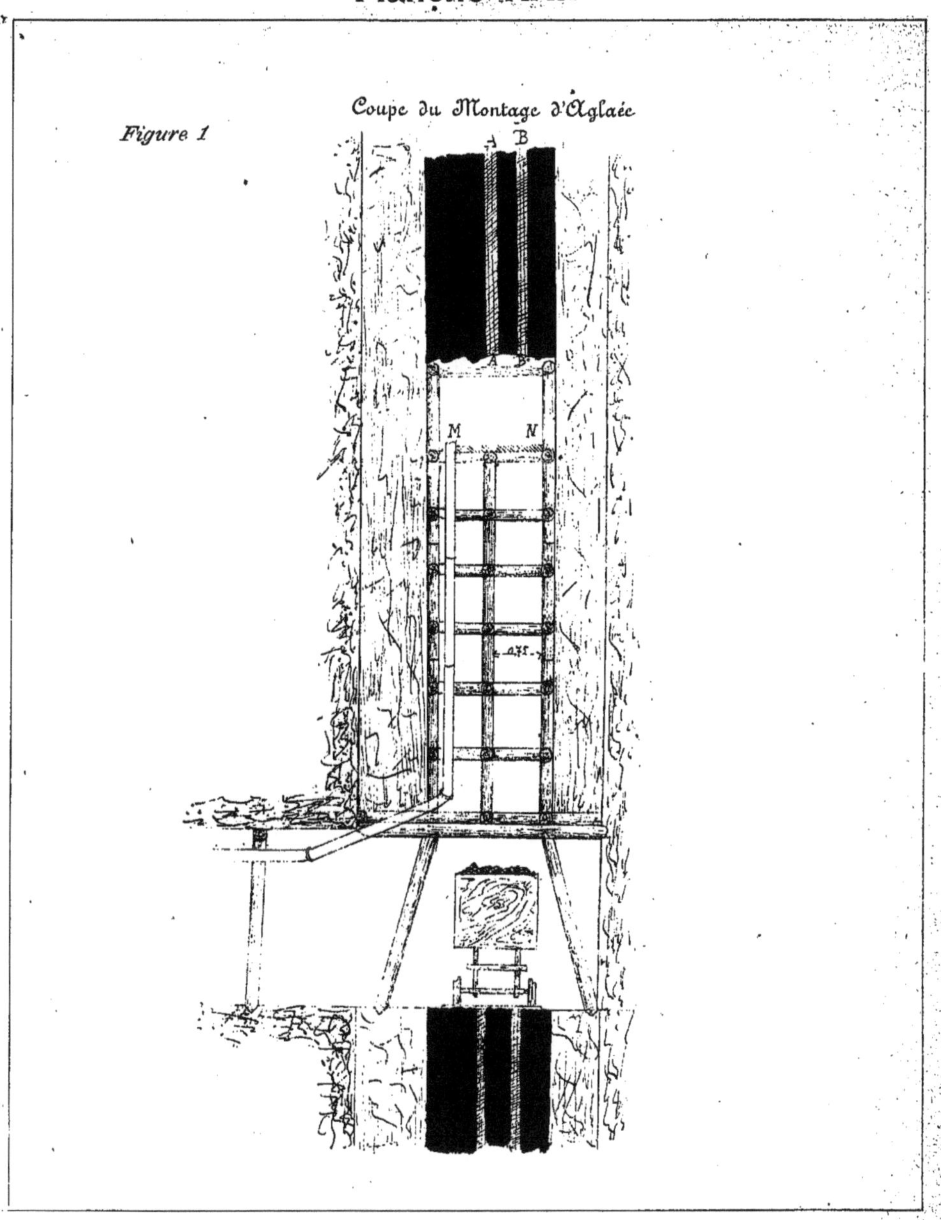

Figure 1

Figure 1

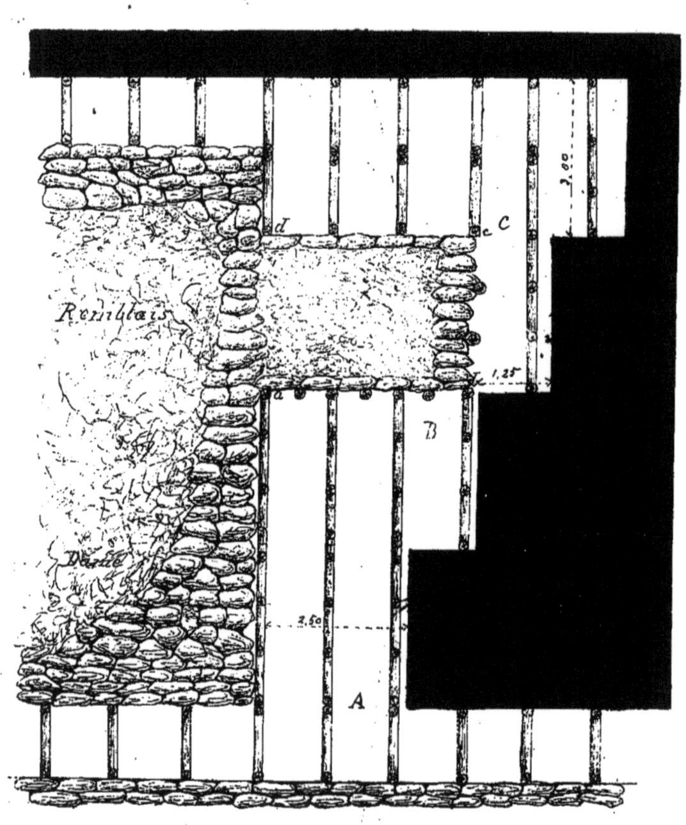

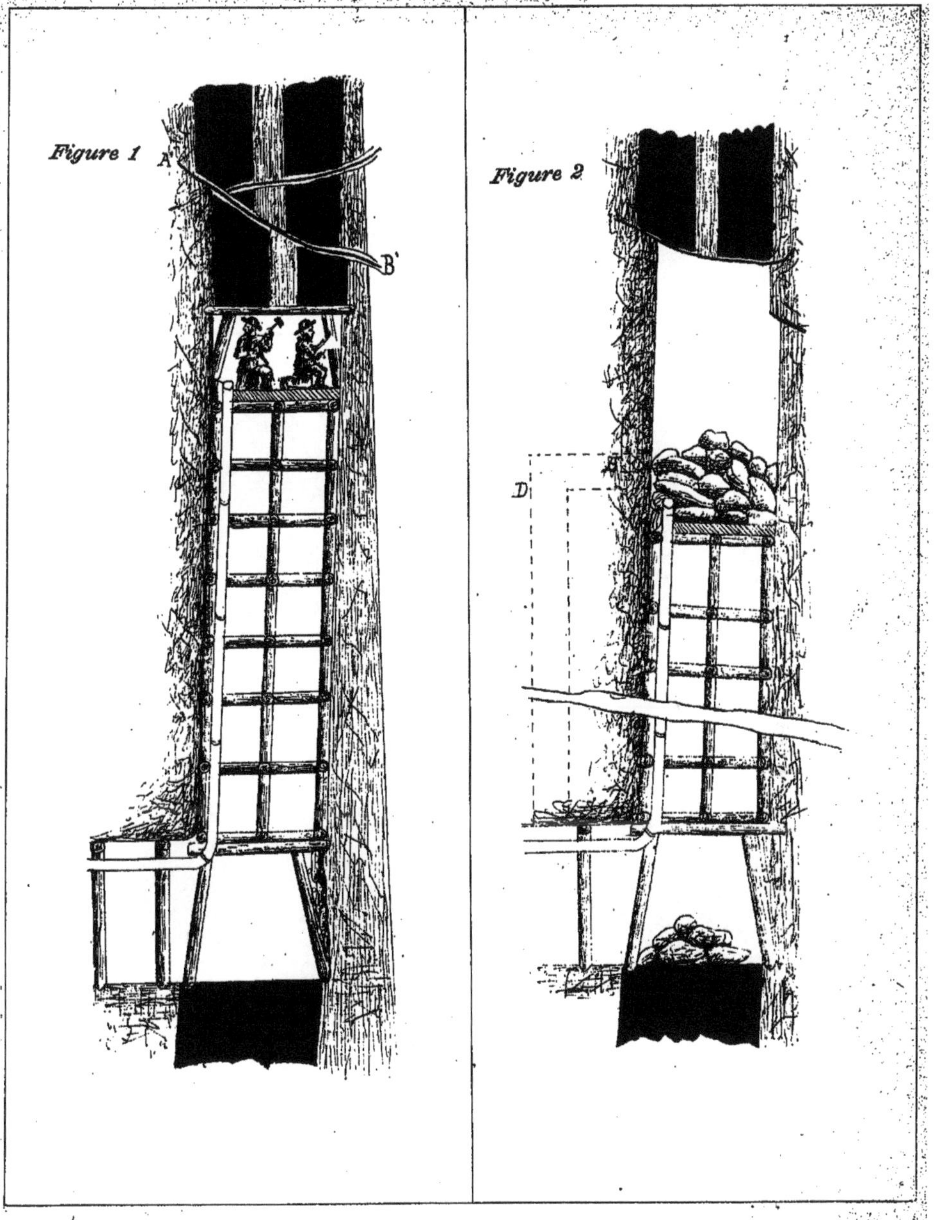
Figure 1
A
B
Figure 2
D

Planche XXV
Figure 1
Figure 2
faux mur.
Figure 3
B
A
Figure 4
Cloche
Toit ordinaire
0,45
0,35
M
n
a
b
Mur ordinaire
Figure 5
Joint
derrière
Joint
devant
Figure 6
Joint
derrière
Joint
devant

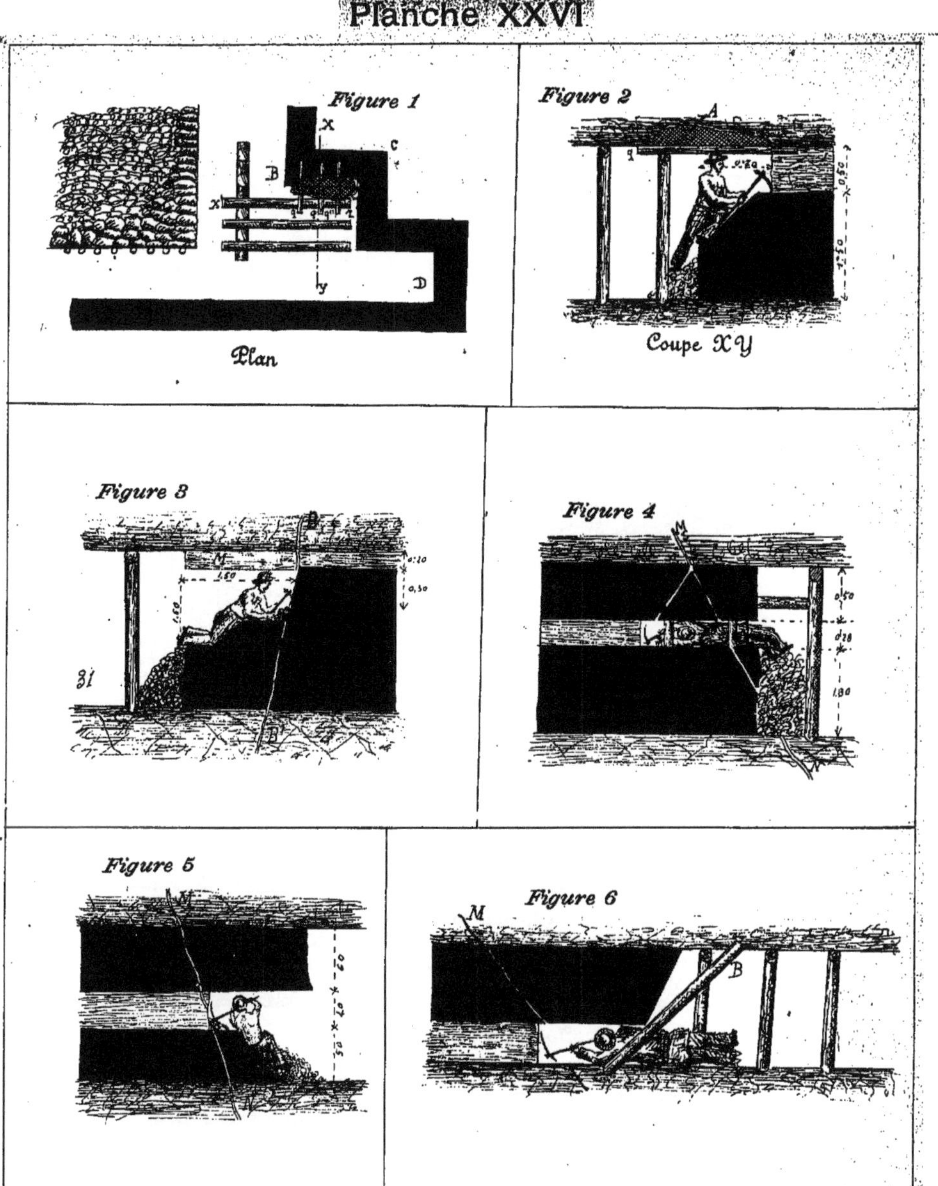

Figure 1
Plan
Figure 2
Coupe XY
Figure 3
Figure 4
Figure 5
Figure 6

Figure 1

Figure 2

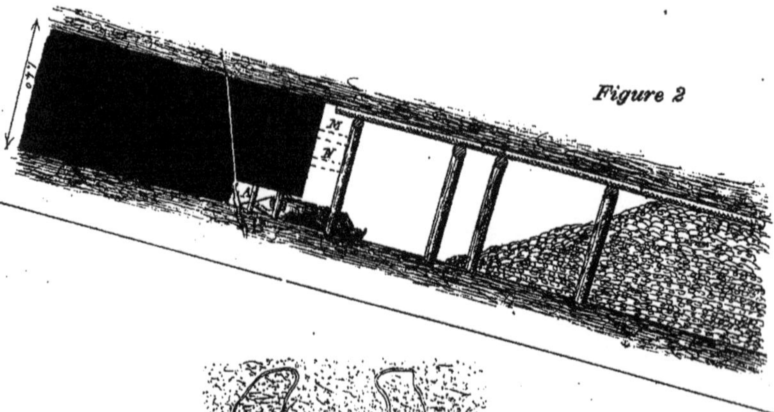

Figure 3

Clocher cylindriques

Clocher coniquer en place

Clocher coniquer renversée

Clocher demi-elliptiquer en place et renversée

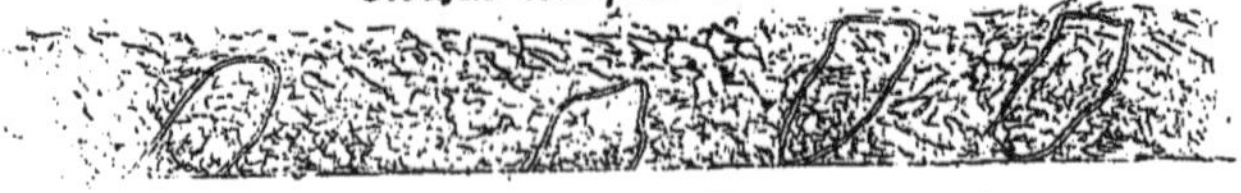

Figure 1

Cloches demi-sphériques en place

Cloches demi-sphériques renversées 25

Figure 2

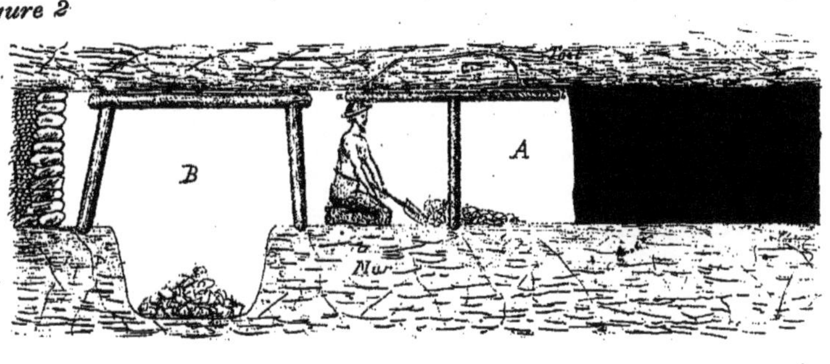

Figure 3

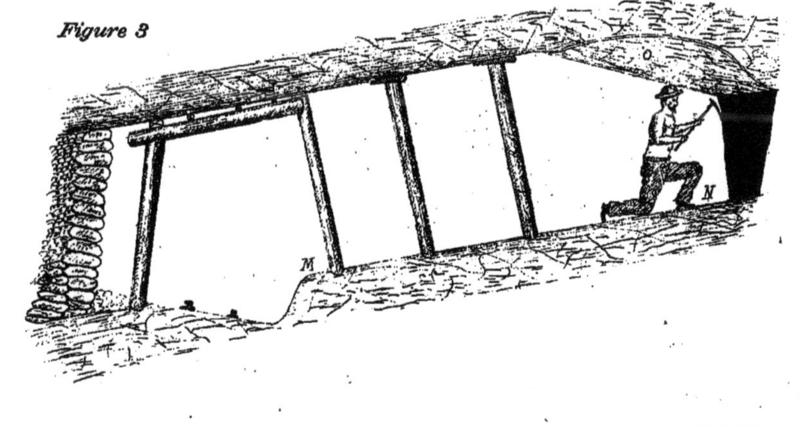

Figure 1

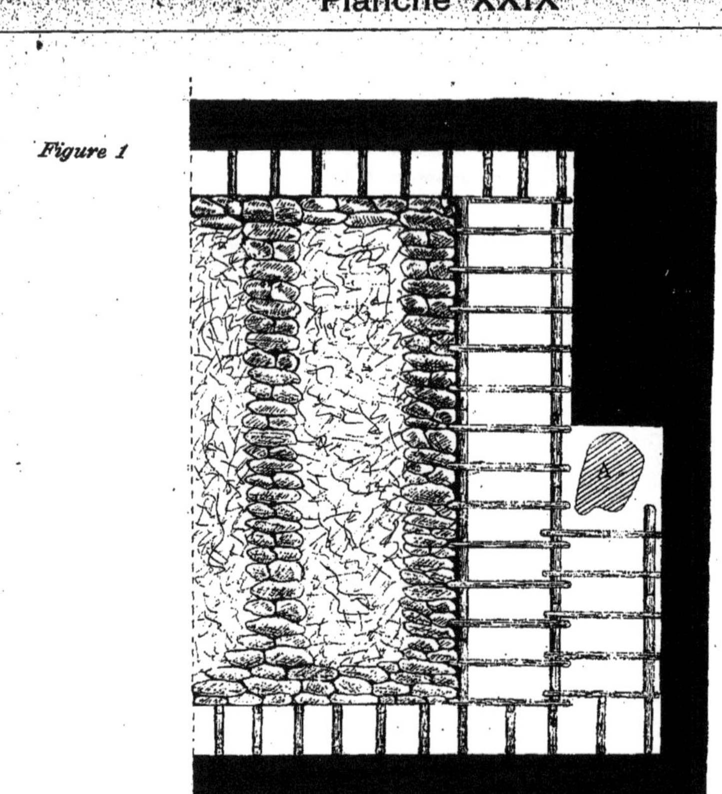

Figure 2

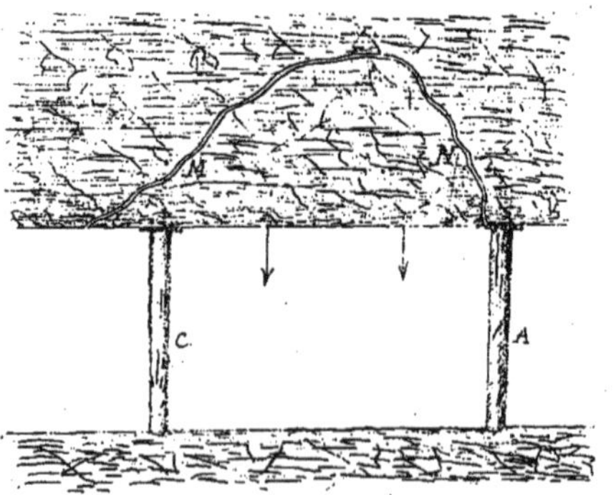

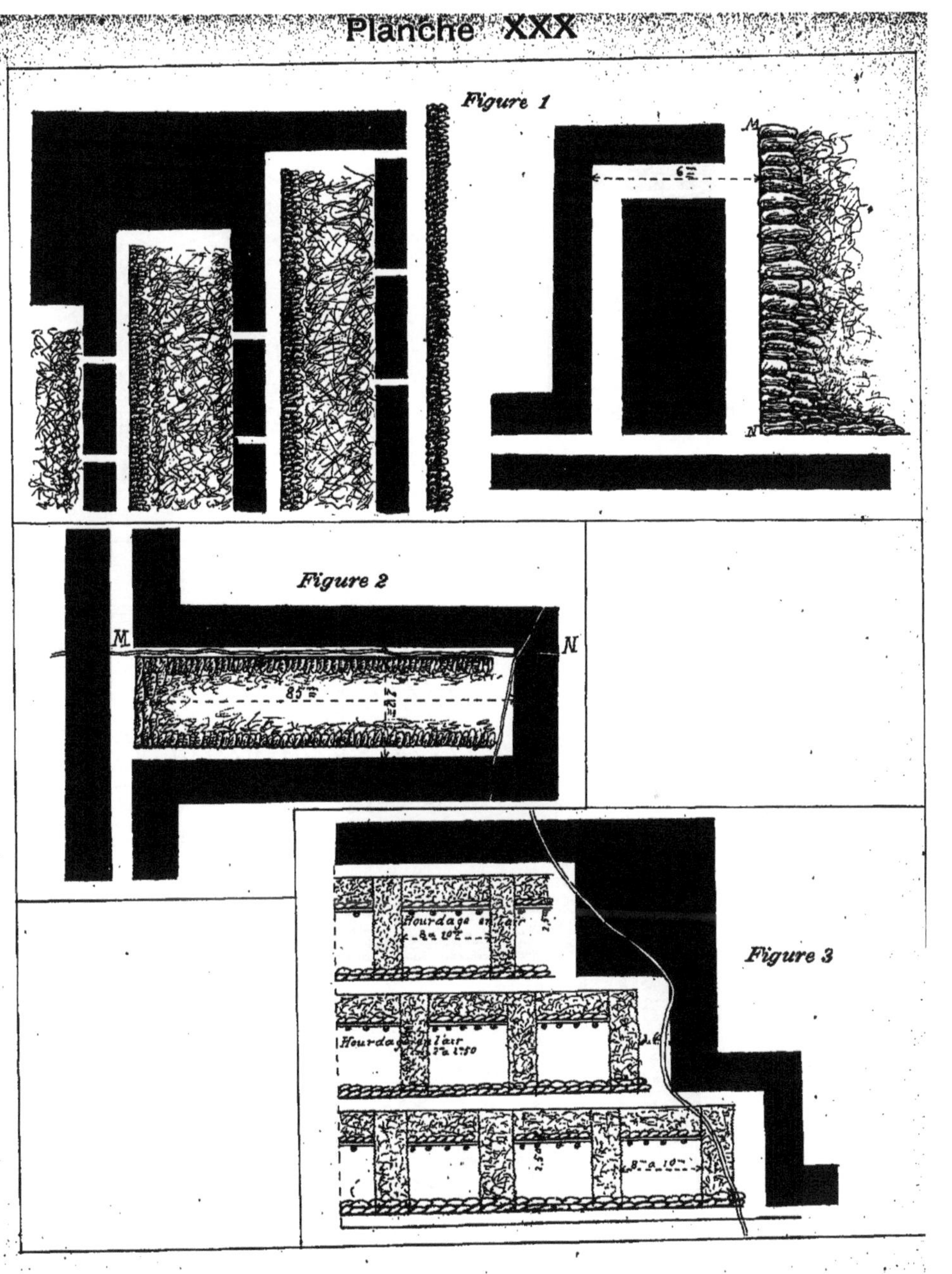

Figure 1
M
N
Figure 2
M
N
Figure 3
Hourdage en air
Hourdage en air

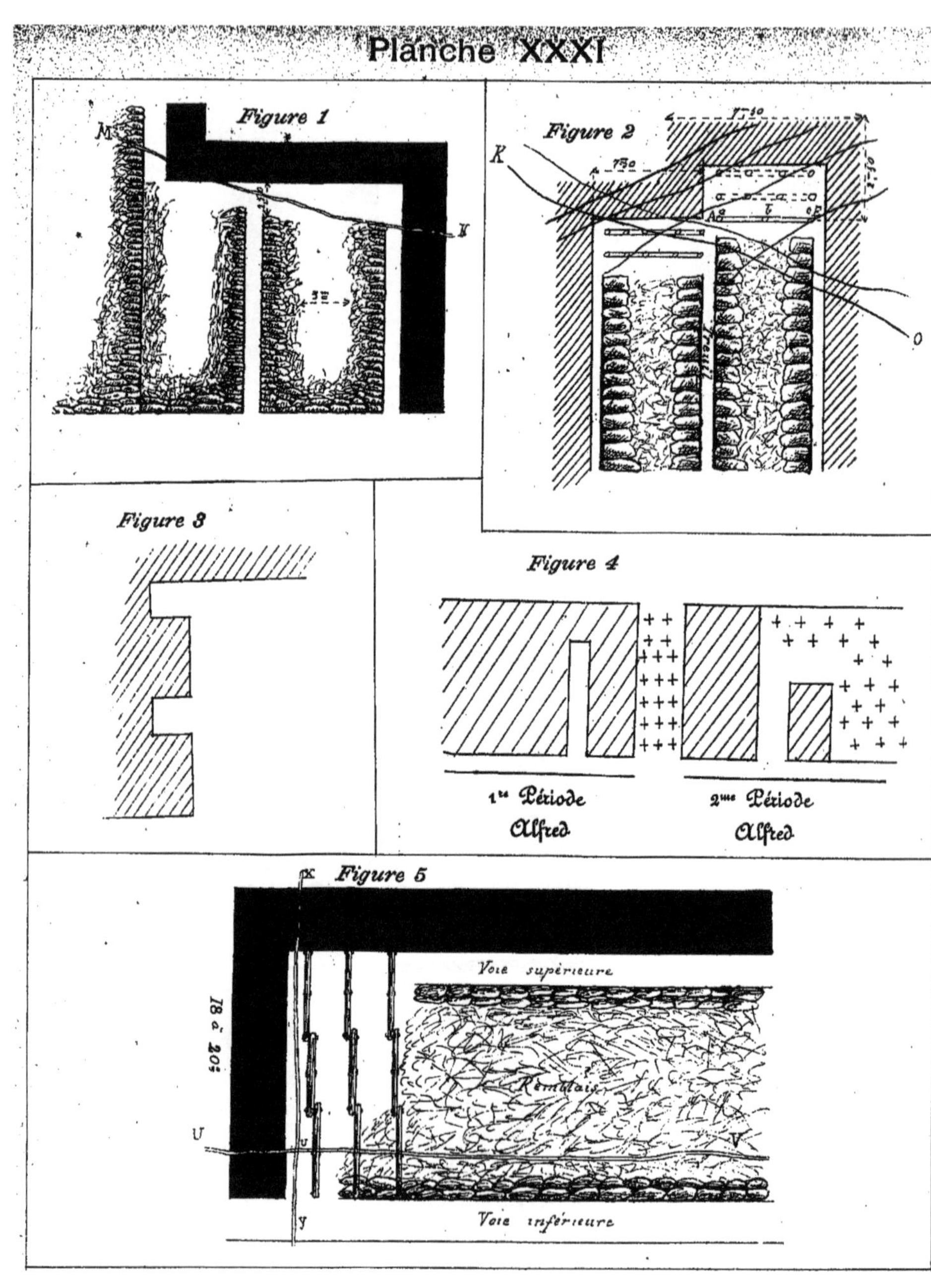
Figure 1
M
N
Figure 2
K
O
Figure 3
Figure 4
+
1ʳᵉ Période
Alfred
2ᵐᵉ Période
Alfred
Figure 5
x
18 à 20ᵐ
U
u
y
Voie supérieure
Remblais
Voie inférieure
V

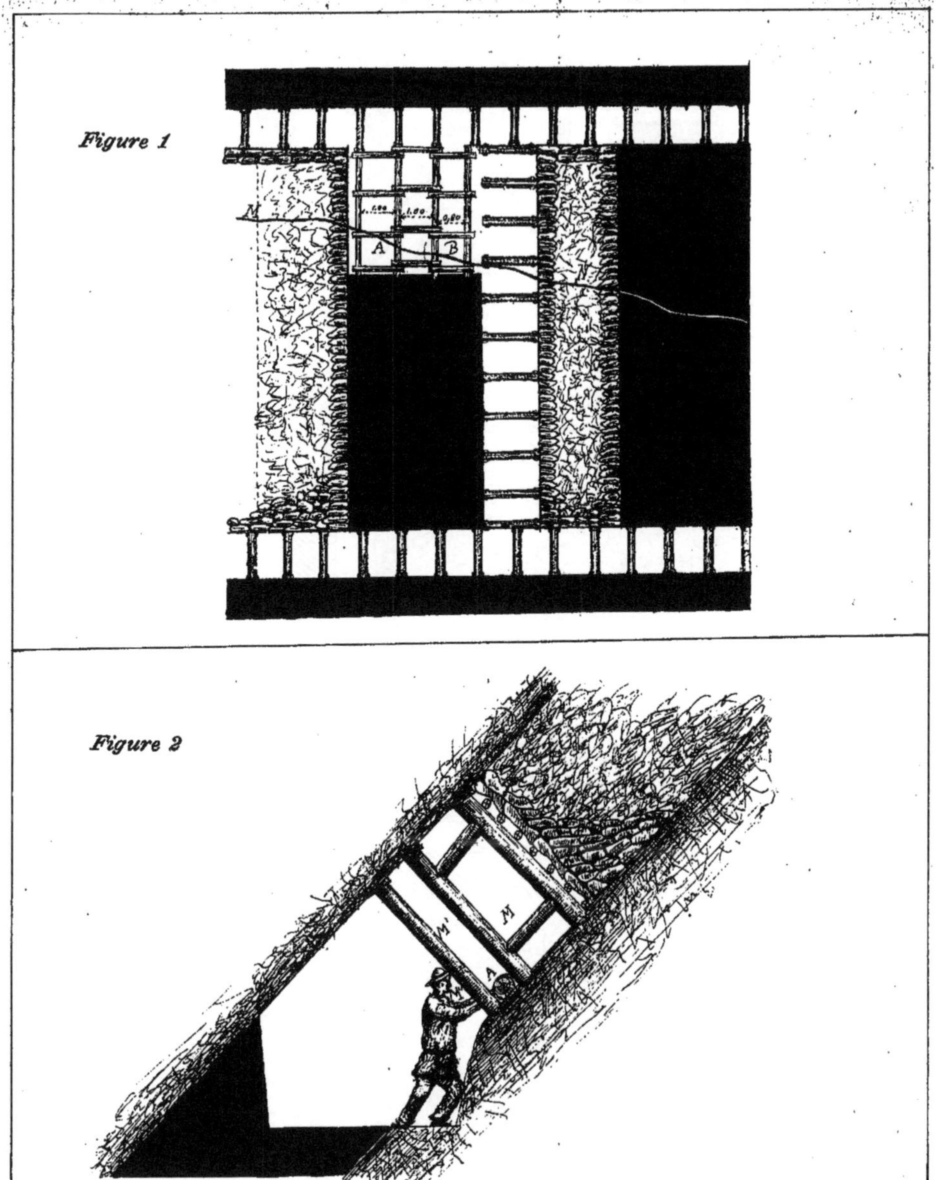

Figure 1

Figure 2

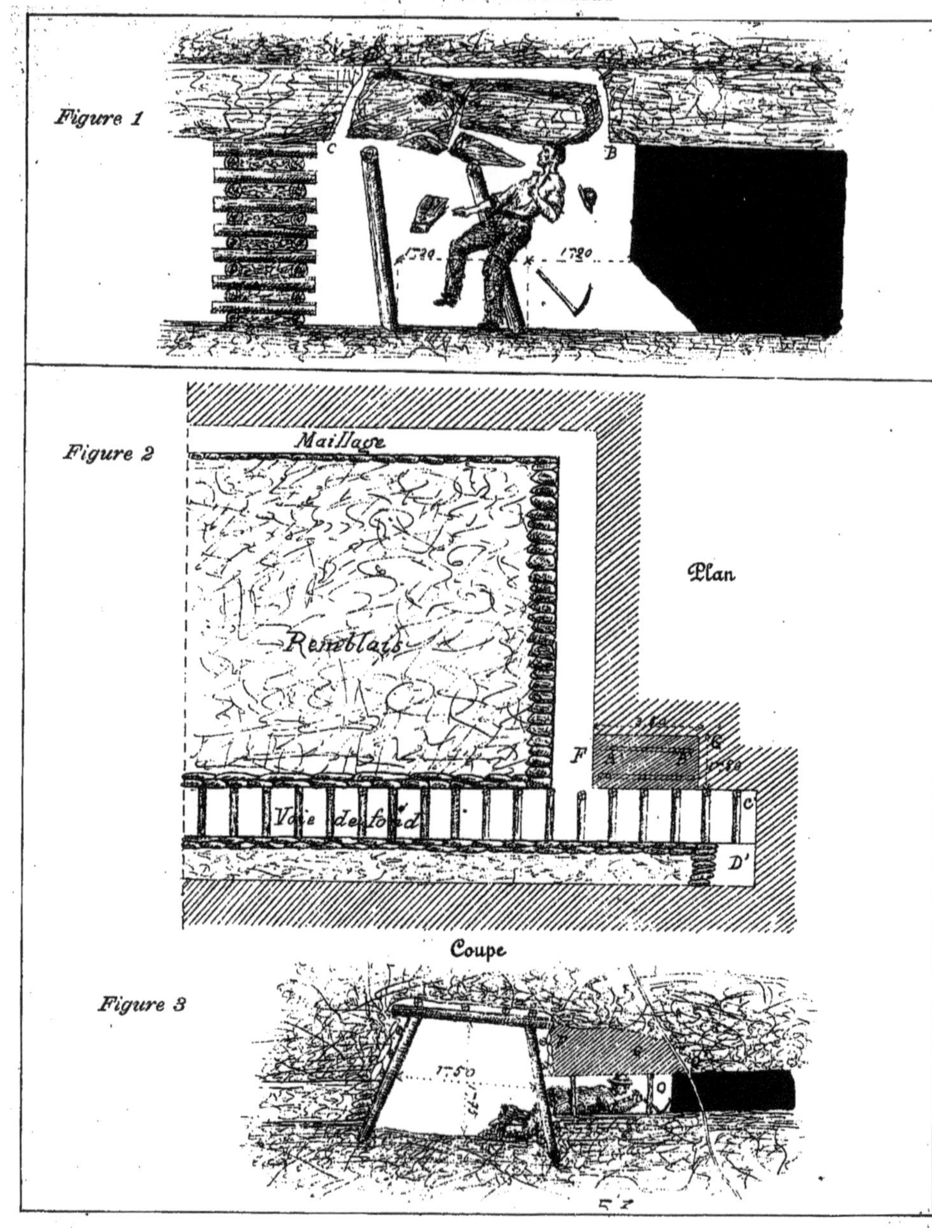
Figure 1
C
B
1779
1780
Figure 2
Maillage
Remblais
Plan
F
A
B
G
c
D'
Voie de fond
Coupe
Figure 3
1750

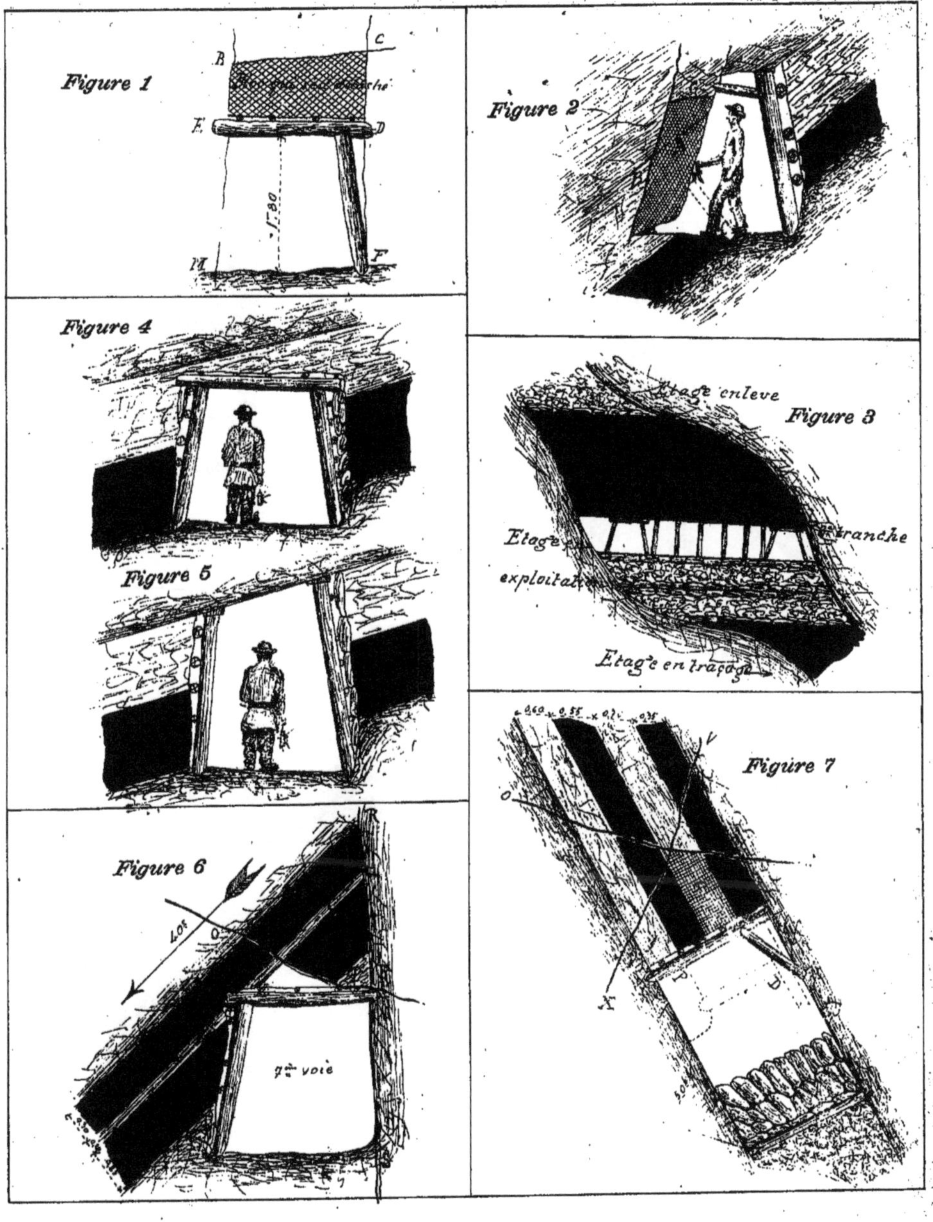

Planche XXXIV
Figure 1
Figure 2
Figure 4
Figure 5
Figure 6
Figure 3
Figure 7
Etage enleve
Etage exploita
Etage en traçage
Branche
g.e voie

Planche XXXV

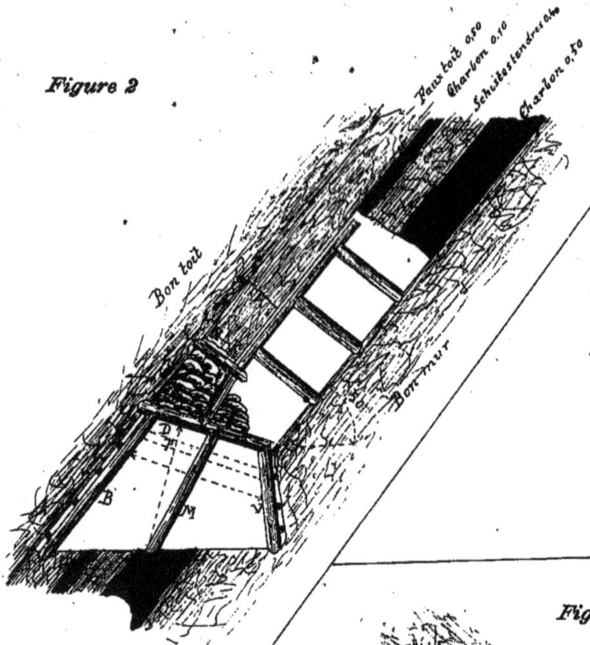

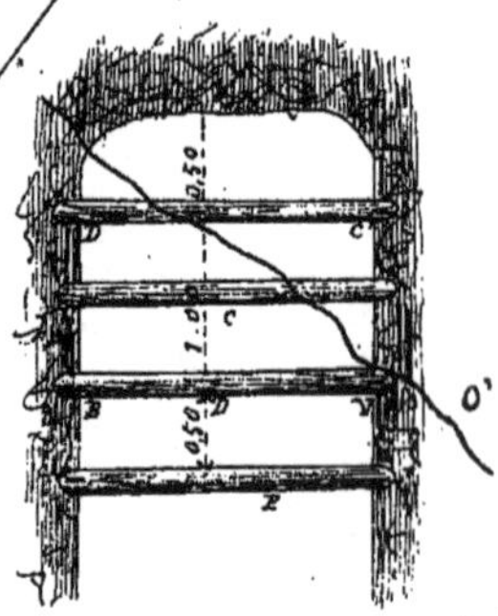

Planche XXXVI

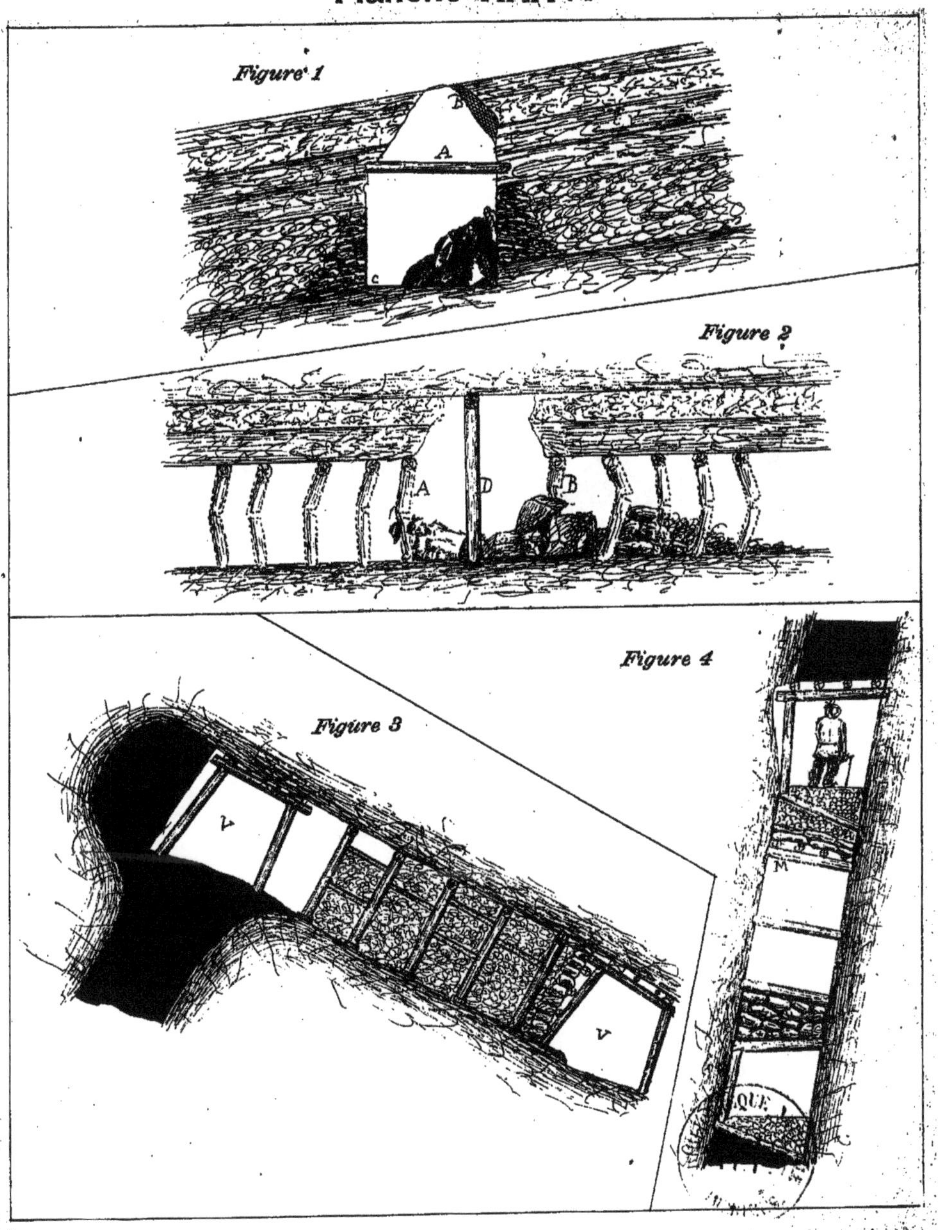

COURS D'EXPLOITATION DES MINES

ACCIDENTS DE MINES

www.ingramcontent.com/pod-product-compliance
Ingram Content Group UK Ltd.
Pitfield, Milton Keynes, MK11 3LW, UK
UKHW020213130726
13696UKWH00002B/891